福岡正信の自然を生きる

福岡正信
金光寿郎＝聞き手

春秋社

根幹を正せば全てが整う

〈改題版〉へのメッセージ

福岡大樹

本書の舞台となっている場所は「堂ヶ谷《ドガタニ》」と呼んでいる山畑になり、現在も当時の面影を残しつつ存在しています。

三十年ほど前に正信より「堂ヶ谷の名義を大樹《ひろき》（孫の私）にして行こうと思う。足腰が弱くなり、農作業が難しくなって来た。このあたりで、この山での作業を終了しようと思う。後は自然農法を実践してきたこの山がどのように変化して行くかを見てみようと思う」との話を受け、現在に至っています。

その変化を、あくまで私の主観ではありますが、記してみたいと思います。

本書の第一章の対話は、一九八二年で、当時、私は九歳。その頃の堂ヶ谷は自然農園として機能している時期でした。

なだらかな山間を切り開いた畑に、近隣より集めてきた廃材を使った山小屋が七つあり、正信に教えを請いに来た青年達が共同生活し、作業実習を行う場所でした。果樹は程良い樹高で実をつけ、下草には野菜が混ざり、至る所に鶏が歩いていて、小屋にはヤギもいました。

朝になると正信が「今日はどこそこで○○○の作業をしよう」と提案し、昼頃にはその辺で引いてきた野菜を囲炉裏の鍋に放り込み、うどんや玄米を食べるという生活でしたが、正信は語り始めると長くなることが多く、それほど皆が作業をしている印象はありませんでした。

そんな山も春になると、本書で語られているように「エデンの園」といった雰囲気となり、見上げると、樹木の花が咲き誇り、下には野菜の花が咲き誇る、そんな場所でした。

現在、農業を営んでいる私は感じるのですが、花が見事に咲き誇ることは、後の実りの前触れであり、それぞれがまさにこれから「未来の種」をまき散らす所作のスタートで、そんな花々が咲き誇った姿を見れば、心穏やかにもソワソワした感じにもなります。

本書の終章にあたる第五章、一九九四年頃の山は、自然農園として安定期に入っているように思えました。

山の木々は成木化し、高木、中木、低木が織り交ざり、畑から森へと変貌していきました。木々の成長と地表の日射量が相俟って野菜は減っていき（ほとんどの野菜は日当たりが悪いとあまり育ちません）、野草が増え始めてきました。

この頃の正信は、積極的に細かい農法を伝えることは控えて行き、農の本質をどう伝えることができるか悩んでいる時期にあたり、山での作業はほとんどせず、訪問者に対してはもっぱら説法をしていました。

現在（二〇二一年）の堂ヶ谷の様子は、より一層の森林化が進み、鬱蒼とした森へと変貌しています。

(3) 根幹を正せば全てが整う

一見ただの森に感じますが、多くの訪問者が口にするのは、「どこか雰囲気が違う」ということ。それはとても表現しがたいのですが、木々の中に漂う空気が他の森とは何か違うように感じるのです。

空を覆い隠すような勢いでクス、センダン、カエデ、ヒノキ、桜などが大木化し、その中に一段下がり、山桃、柿、スモモ、梅、ビワなどの中木が混ざり、さらに一段下がり柑橘類、ツバキなどの樹木が茂り、そして地表に目を移すと、三つ葉、キキョウ、ワラビ…。

四月に最も目を引くのは大量のフキです。このフキは人の指ほどの大きさになり、葉は大きなもので、子供の顔を二人分は軽く隠せるくらいになります。

春にはフキが森の谷間の部分を覆いつくし、それは見事なフキの海のようです。その頃のフキはちょうど桜の散る時期とかさなり、フキの海の水面にはたくさんの花びらが浮かびます。

フキやその他の草の中には、とても小さな樹木の苗木が点在しています。雑木苗の中には柑橘やビワなどの果樹の苗木もあります。これらの苗木は大きな木に囲まれて陽に当たらないので、一年に数センチずつしか成長せず、実を付けることはないですが、数十年も大木の倒木を待ち続けています。

この森は大木の十メートルを超える最長点から、さまざまな植物が混沌とした共生を織りなす地中の最下部までの空気が、他と違う雰囲気を醸し出しているように思えます。

私が堂ヶ谷で行う管理作業は、歩く道を整えること、樹木と共生できない蔓性植物の撤去、浸食してくる孟宗竹の伐採で、年に五日程度しか手を入れておりませんが、収穫できる食料は変化しつつも減少せず、もしかしたら増えているかもしれません。

大きな変化があったのが地中になります。三〇年ほど前に粘土団子を作るため、よく穴を掘っていました。数センチ上の土を除けば粘土層が露出し、水捌けが悪く、穴に雨水が溜まれば数日はそのままといった土地でしたが、近年、粘土団子を作ろうと穴を掘ったところ、なかなか粘土層が出てこず、一メートルを超えてやっと団子に適した土が出てきました。以前は粘土の塊のような山で、書籍によると強い酸性土壌でしたが、近年測ってみたところ、弱酸性から中性まで変化していました。山の表面は折り重なるようにさまざまな緑が茂り、地中は植物が喜びそうな柔らかな土が深くまで育っていたのです。

近年、この山を森林の専門家の方に調査していただく機会がありました。管理者としてどのように管理すれば良いか、参考になる森はあるかと尋ねたところ、「さまざまな森を見てきたけど、この森の参考になる場所は思いつかないですね。森には〈自然の森〉と〈人の手が加わった森〉とがある認識でしたが、ここは、人の手を加えて後に自然の森に変化したという感じですね」との回答でした。「しいて言えば屋久島の森が参考になるのでは」との助言、たしかに屋久島の森の雰囲気に少し似ているなと思いました。

福岡正信を家族に持ち、家族それぞれが、それぞれの形で向き合って来たと思います。生業はさまざまですが、一様に皆、正信の存在が自分の生き方を考え、深めるきっかけとなってきました。

今の私が思うのは、昨今、社会は良い世界を模索し、前進しているようにも見えます。

「地球環境を良くしよう」
「人種差別を無くそう」
「食料問題を無くそう」

さまざまな問題を細分化し、一つ一つ努力をしています。人々の多くは何を否定し、排除していけばよいかの方法論を展開し、結果的にダメな所を排除する攻撃的な側面が目立つように思えます。私は正信の言う「自然農法」や「無の哲学」を考察しながら生活している過程で気が付くことがあります。

「自然環境への貢献ができている」
「多種多様な動植物への偏見がなくなっている」
「草むらの中に食べられる野菜が自然に育っている」

人々が問題提起しているものの一つ一つのことが、自然と争うことなく整っているのです。

本書に記載されているドイツ人の話で、正信の考え方で生活を変えたら「衣食住すべてを芸術化してしまうんです」とあります。枝葉をいくら整えても問題は次から次へと発生しますが、根幹を正しくすれば、全てが整うのではないかと思います。

(7)　根幹を正せば全てが整う

偉そうなことを述べてしまいましたが、私自身まだ根幹を整えきることのできない一人です。整え方も明確には理解できておらず、試行錯誤の日々です。とりあえず久しぶりに息子たちと粘土団子でも作ってみようかと思います。

（二〇二一年七月十五日）

一粒の米に託す

人間は何もしなくてよい。食っちゃ寝、食っちゃ寝して生きておればよい。

〈生きているだけで楽しい〉という結論が六十年前の二十五歳のときにでた。

それ以降何もしないですむようにするにはどうすればよいか、ちょっぴりただそれだけを考えて生きてきたが、このごろあらゆる方面からこの「緑の地球号」という星が、あと十年ほどで緑と食糧が尽きて失速し墜落寸前だという話を聞けば、自分ひとり寝てもおれまい。

「ではどうすりゃよい」と言われれば、愚者の答えはいつも簡単明瞭である。

五年で緑と食のパラダイスにする案がある。粘土団子の種を蒔くだけでよい。第一に全人類が自給自足できるよう（悪用すれば戦略兵器にもなるが）、私のハッピーヒル米（反当一トンどり多収穫種）一粒を蒔いてくれさえすればよい。

「そりゃ大変だ。大風呂敷だ」と言う人もいるだろうが、私にはそれほど難しいこととは思われない。

春、米一粒蒔いておけば芽が二、三十本出て、秋には一穂平均二百粒できる（少なくとも六千粒になる）。籾種は『一粒万倍』とお釈迦さんも言っている。翌年一万粒の種を蒔けば、二年目で一億粒となり、三年目には全人類に種籾がわたる。

主食の米問題は一度に片付き、自然農法であとは何もしなきゃよい。これほど簡単明瞭なことがなぜ世間に広まらないのか。

「お前の話はややこしい。面どうくさい」

と言う人は、あなたの一年分のお米五十キロを自分で作ってみたらわかる。それには一穂（二百五十粒）の種を蒔くだけでよい。一平方メートルに十粒ずつ蒔くだけだから、幼稚園児でもできるはずである。これだけで一人一年分のお米ができることを私は保証する。

といっても「どこかお前の話は通用しない。狂っている」と特に学者や先生から言われる。根本的には、人間が食物をつくろうとしたときからややこしくなっただけである。

「やれ肥料がいる。農薬がいる。耕耘機が、油が必要だ」と言う。だが、だいたい人類は初めから〈食物〉なんか何一つつくっていたのではなかった。生産していたのでなく、石油や資源でお米や果物のにせ物をつくっていたにすぎない。

麦は麦の種から発生し、お米は籾種から誕生し、稲が一万倍に増えただけである。柿は柿の種から生まれ、柿の葉も幹も根も花も実もみな柿がつくる。人間の手や智恵は何一つ使うことなくできることを、利口な人間ほど知らない。人間の智恵は、米粒一つ、柿の葉一枚つくれないことがまだわかっていない。

お米一粒の価値はダイヤに勝り、その力（エネルギー）は原爆何百個以上の力を秘めており、人間の智恵と力で「物をつくる」なんて天の眼からみれば笑止千万である。

無為天成、すべては自然という神がつくり、万物を生かしているだけである。人はその恵みを感謝し生きているだけでよい。

狐や狸が米を生産し、鳥が魚を養殖しはじめたら地上は漫画の世になる。ところが人類は、カブト虫やトンボを真似て戦車や飛行機を大真面目になってつくり、血みどろの戦争をしている。人類はもう漫画以上の漫画の演出に夢中になっているといえる。

ケロケロと蛙に笑われているのにも気づかないほど人間は大馬鹿者になりさがっているのだろうか。

爆撃機から爆弾を落とすより、粘土団子の種（百種の植物の種を混合）を日夜飛び交う旅客機からスチュワーデスが蒔いてくれたら、地球はあっという間に緑の星に戻るのだが（一九九〇年の湾岸戦争の前日、この提案をもって土井たか子さんとイラクに飛んだが間に合わなかった）、もう間に合わないのだろうか……。

福岡正信

福岡正信の〈自然〉を生きる――目　次

放送年一覧

第一章　自然に仕える……………………一九八二年
第二章　地球に種を蒔く…………………一九八五年
第三章　自然は神である…………………一九八九年
第四章　自然と人と神と…………………一九九二年
第五章　今という時と場所で——人間と自然……一九九四年

福岡正信の〈自然〉を生きる

第一章

自然に仕える

自然農法

金光　今日は愛媛県伊予市にある福岡正信さんの自然農園をお訪ねしております。福岡さんは二十歳過ぎの若いころ、急性肺炎にかかられ、そのとき人為無用、人間のすることは無用である、無為自然に生きればよいということを自覚されました。その後、人間の力によって荒廃した自然を復元するための自然農法を営まれて現在に至っておられます。今日はその自然農法の福岡さんの歩みと現在の夢について、いろいろおうかがいしたいと思います。どうぞよろしくお願いいたします。

最初に、終戦後これまで三十数年かかってお作りになった稲と、一般の農家の方が作られた水稲の実物の比較からおうかがいしたいと思います。

福岡　こちらが自然農法で作った稲です。在来の品種ではなくて、これは改良してきた品種なんです。改良というのは普通いいほうに改良するんですが、これは自然に、昔に返って、普通の試験場や大学でやるのとは反対の方向の改良というか、自然農法向きの昔の強い稲を作ってみたいと思って作ったものです。

金光　だんだん昔の稲に近づいてきたのがこの稲ということになるわけですね。

福岡　みんなはそう言っています。一般の科学農法の稲とどこが違うかといいますと、根が違うんです。

金光　科学農法のほうは非常に細くて軟らかですが、自然農法のほうの根は非常に太くて、長いわけですね。

福岡　そうです、一メートルぐらいあります。

金光　科学農法の稲は非常に軟らかいけれど、自然農法の稲は太くて、強くて、アシかヨシかそういう感じですね。

福岡　粟みたいな稲ですよね。穂が垂れなくて立っているんです。病虫害の防除も三十年やっていないということは、根がしっかりしていて健全な稲だということです。結局、健全な稲を作ることだけやっておけば、病虫害の防除をしなくてもいい、薬をかけなくてもいいわけです。化学肥料も三十年全然やっていません。堆肥や鶏糞も使うとかえって失敗します。化学肥料を使わなくても、土が生きてくれば何にもやらなくてもいいんです。

金光　穂の数もずいぶん違うようです。

福岡　穂は二百粒平均です。普通の稲は百粒平均です。百粒平均に対して二百粒平均の穂を目安に作ってみたんです。こちらのほうは二百五十粒、三百粒もあります。そういう穂もありますが、まず二百粒平均です。

金光　同じ株数であれば倍とれるということになるわけですか。

福岡　同じ株数であればとれますが、多収穫で大事なのは、藁《わら》の大きさ、重さに対して穂の重さが少なくとも等量あるということです。いまここに三種類ばかりありますが、早稲のこの稲は背丈が非常に短くて穂が大きい。これもそうです。こういうふうな稲だと一平方メートルに三百本の茎をつくって二百粒平均つきます。普通の三万粒に対して二倍、理屈でいうとちょうど二十俵までとれる計算になりますが、そうはいかない。まあ、この稲だったらだいたい十五俵ぐらいまでいけるという目安をつけています。

金光　普通の農家の方ですと、耕して、いろいろな肥料をやって、それで多収穫をというのが普通ですが、こちらの田んぼですと、耕さない、肥料をやらない、農薬もやらない、除草もあまりしない。ここの田は三十数年、全然耕していないということですが。

福岡　耕していませんが、三十年の間に土の深さが倍になりました。

金光　土の深さといいますと？

福岡　表土の黒い土が、ここは三寸ぐらいしかなかったのがいまは三十センチになっています。それと、歩いてごらんになるとわかりますが、ポカポカしているでしょう。軟らかいでしょう。田を一回も機械で鋤いたことがないんです。機械で鋤かないけれど、根が一メートル深く入っています。麦や稲の根が耕すのと、モグラやミミズとか微生物によって耕される。こういうふうに生物学的に田を耕しているということで土が軟らかになり肥えてくる。人間があまり苦労しなくても、何もしなくても自然にできるようになりました。

普通だったら、〈ああしたらいい、こうしたらいい〉ということを目標にしてやりますが、自分の場合は理屈でいえば、〈まず何もしなくてよい〉という結論がでていて、〈ああしなくてもよかったんではないか。こうしなくてもよかったんではないか〉と、しないように工夫してきました。

結局、人間が何もしなくていいようにしておいて、何もしないようになったわけです。人間の智恵はいらないのだから、人間のやることは一切合財無駄ではないかという考え方から出発して、こういうコメ作り、麦作りになりました。

金光　われわれが普通、稲を作る場合はまず苗代を考えますが、苗代などもお作りにならないのですね。

福岡　苗代も作らない、耕すこともない。米麦《べいばく》連続《れんぞく》不耕起《ふこうき》直播《ちょくはん》でよい。

金光　そうすると、どういうふうに蒔かれるのですか。

福岡　秋、稲を刈る一、二週間前に麦とクローバーの種を稲の立毛の中にばらまくんです。

金光　種をばらまくだけですか。

福岡　粘土団子にしてばらまくだけです。そこらあたりの麦が生えている下には、クローバーが小さく生えている。稲刈りをするときにはもちろんこの麦を踏みます。踏みながら稲刈りをして、できた藁を長いまま上にふっておく。それだけで麦作りは終わりです。

金光　あとは何にもしなくていいんですか。

福岡　何にもしない。休耕田などの最初、草が多い所からスタートする場合には、麦をたくさん蒔けばよいのです。麦を蒔いておけば、五月二十日まで何にもしなくて、五月二十日に麦を刈る前に、こういうふうに立っている麦のなかに稲の籾をばらまくんです。

金光　ばらまくだけでいいわけですか。

福岡　それがこの稲です。

金光　除草などはどうなさるんですか。

福岡　除草は、実をいうと何にもしないことを目標にしていますが、こいつがなかなかちょっとしたことで失敗するんです。というのは、このやり方をすると、耕さないために、稗《ひえ》や普通の水田に生える草は緑肥《クローバー》で片付くのですが、畑の草が生えたりする。畑の草が生えはじめた最初の十日間ぐらいにたっぷり水を溜めてやって、これを枯らすやり方もあるんですが、そのチャンスを失したりすると……。

金光　タイミングがあるわけですね。

福岡　わずかなことで、タイミングを失することがあるんです。これだけ簡単な農法ですが、素人の多くは、藁の撒布のしかたやクローバーの生え具合の雑草退治で失敗します。麦藁の振り方がムラになるために草が生えてくるとか、最初のチャンスを逸したりすると草が生えて稲や麦が草に負けたりすることがあります。ですから、非常に危険だと言えば危険な農法ですが、放任ではなく、注意してやれば誰でもやれる。

金光　そうすると、自然のままに、できるだけ人間の力を加えないで、できるだけ何もしないですむように栽培なさるということですが、稲と、あるいはほかの雑草などが生えるタイミングを見ながら、その様子によって稲が自然によく育つようにという配慮は必要なわけですね。

福岡　そうです。自分は十年、二十年前、一度、青年たちを指導してみましたが、都会の青年たちは自然農法が楽だからやりやすいと思ってみんなやるんです。でも、みんな失敗します。なぜ失敗するかというと、自然というのがわかっているように見えて、わかっていないからです。たとえば生物学者だと雑草の種類のことでも生態でも全部知っているから、試験場や大学の先生がこういうやり方をするとわけなくできるんです。ベテランの百姓がやればできるんです。ところが素人がやると、わかっているつもりが自然をわかっていないから、ちょっとしたことでつまずいて大失敗をします。

金光　放りっぱなしで何も手を加えなくていいということでもないわけですか。

福岡　そうですね、放任ではない。自然農法というのは一番厳しい農法と言えますが、そういうふうに言いますと科学的な知識がなければいけないのかとなります。しかし、そうでもないんです。

金光　自然の様子みたいなものをよく見てその様子がわかると、そんなに無理をしなくても、そのときそのときに応じて自然に今度はこうすればいいということがわかってくるわけですか。

福岡　その説明が難しいんです。たとえばここをカメラで大写しにしてもらったらわかるけれども、田には害虫から益虫からいっぱいいます。こういうものを知っていなければ作れないかというと、この健全な根さえ作っていれば、それでできるわけです。おのずから病虫害の防除も片づいてしまうんです。
自分はここにどれだけの虫がいるか、どういう害虫がいるか、益虫がいるか、調べたことはないんです。昔は病理のほうの技師になろうとしてやっていましたが、百姓をしだしてからこの三十年、統計をとったり、記録するという観察はひとつもしていません。大学や試験場の人に来てもらって、ここにはどんな虫がいるのか、病虫害の防除をしなくてもなぜこれだけできるかという研究をしてもらっていますが、自分自身は自然のままを観察しているというより、ただ、ぼんやりとやっているだけです。

金光　話は少し飛躍しますが、そういうふうに何もしないでいると、現在の農業のやり方とはどうも正反対のように聞こえますが、そういうやり方で稲を作ってみようとお考えになったのはいつごろからですか。

福岡　いままであまり話したこともないし、話しても無駄だと思って話していませんが、自分は横浜税関の植物検査課に勤めていました。その前が農事試験場です。ですから、顕微鏡でのぞく仕事なわけです。顕微鏡下の微生物の世界をのぞいて、上手に言えば自然の神秘みたいなものに驚いていましたが、それから体を悪くしたのが原因で人生に懐疑をもつようになったりして、ある転機があったんです。それまで自分を知っているつもりでいたのが、ソクラテスではないけれど、自分が何にも知らなかったということがフッとわかったような気がしたんです。

そうなってみると、一切合財、人間の智恵が役立っていない。人間のやることの一切が無駄だということ、もう一つ言えば、一切のものには価値があると思っていたのが、人智・人為による一切の人間のつくったものの価値が消えてしまった、なくなってしまったんです。そのときから生き方そのものが一変してしまいました。

何もしなくてもよかったんだ、智恵をつけなくてもよかったんだ。ひと口でいいますと科学否定になってしまったんです。人智否定ですし、科学否定です。もちろん農学も否定です。そんなものがなくてもものはできるはずだ。強いていえば科学は、科学が役に立たないことを人間に説くには役立ちます。科学の必要性というのは、科学は人間にとって必要でないものだということをわからせるためにあるようなものです。

いまの人間は科学信奉者になっていますから、科学的な真理が真理だと思っています。ところがそれは、科学的な真理が真理でないということを説明するためには役立つけれど、真理をキャッチするには役立たない。そういうふうな考え方になってきたんです。

金光　現在の日本にしても非常に科学文明が発達していますし、世界的にも科学文明はどんどん拡大する一方です。宇宙の問題から、あるいは分子とか原子とかの小さな方向までどんどん拡大の方向に進んでいると思いますが、そういう方向と違う方向を現実の生活で実践なさろうというところから、稲を作ろうとお考えになったわけですか。

福岡　いまここに稲が二つあります。こちらが科学的な稲で、こちらが原始の稲です。しかし、これを作ったということは実は矛盾しているんです。智恵はいらないと言いながら交配して新しい品種を作るというふうですから、自分は事実、矛盾したことをしているんです。科学を右手として、自然に還れというのを左手としますと、右手はだめだ。ところが昔に還れるかというと、科学否定と言ってもやはり還れない、だめなんです。自分の言うのは右でもない、左でもない。科学を否定するのでもない、肯定するのでもない、科学を超える世界があるのではないか。

　昔の遺伝子、粟や黍《きび》の遺伝子を取り返して強い稲を作るのが自然に還るというけれど、この自然というのは人間の考えた自然なんです。こんなことをするのも科学の暴走でして、これもだめです。稲が虚弱になって肥料と農薬と石油エネルギーがなければ作れないようになっている。田んぼも壊し、土も壊し、植物も壊してしまっている。科学の暴走していく方向はもちろん否定します。科学的な農法はこのまま行けばだめになってしまいます。

しかし、自然に還れといって還れるかというと、一つの限界があって、原始に還っても本当の自然に還るところまではいかないのではないか。だから、これも無駄、これもだめだということになるわけです。

金光　いまの、右手と左手を超えた方向を目指していらっしゃる、それが現在の自然農法で稲を作っていらっしゃる方向であると考えてよろしいんでしょうか。

福岡　そうです。自然食が普及して、欧米を回ってみても日本の自然食が基になって発達しています。自然農法にも関心が強い。日本人は自然農法をほとんどやりませんが、欧米に行ってみると、この二、三年の間に非常にやる気になっています。アメリカでも百町、二百町、三千町という農家でさえも自然農法でやろうという空気があります。

しかし、自然食、自然農法が世の中に普及するように見えて——これは両方のバランスをとっていけばいいというふうな安心感を与えるのには役立つかもしれませんが——、そうしながら世の中はやはり暴走する方向にどんどん行っています。だから、自然農法は世の中へ出ていきそうに見えるけれど、一方、むしろ危機感を、絶望的な感じをこのごろもっています。

金光　その場合、一種の妥協の道ということではなくて、日本なら日本で自然農法を実践する、農薬などを使わない、肥料などを使わない本来の稲とかいろいろな作物を作るということを行うためには、人間の考え方、人間の幸せとは何だろう、人間の生きていることとはいったいどういうことなんだろう、現在の科学の方向だといったいどういう方向へ行くのか、というような一種の価値観、ものの考え方が変わらないとなかなか実行できないのではないかと思います。

何もしなくていいんだとか、農薬を使わなくても現実にこれだけできるんだということがここにあるもので証明されていると思いますが、それが発展しない、広がらないという原因はやはり人間自身についての考え方に、問題があるのではないかという気がします。そのへんはいかがでしょうか。

福岡　おっしゃるとおりで、このごろ日本人には哲学がないなと痛感しています。人間の喜びがどこから出てくるのか。ものの価値はどこにあるのか。そのものの価値が本当の人間の幸福と直結しているのか、していないのか。そういうことに対する哲学的な考え方が全然ない。そのために、ものをつくれば喜びが拡大するとか、何もしなければ喜びがないとか幸せがないとか、そういう考え方になってしまっているんです。何もしないで作る農法がここにできている。もう肥料も使わない、農薬も使わないという農法ができているという現実を見ても、何も感心しないし、それをやってみようというものもだれもいません。外人はその点、ああ、福岡ができたんならおれもやってみたいとなるんです。ここに一カ月、二カ月いたような連中がそうです。いまもオランダの人が来ていますが、外人はやってみようとなるんです。科学のいい悪いは議論しつくされている。格好がいいだの悪いだのの議論は尽くされている。もう実行しかない。と言い、どういう格好でそれを実行してみるか、石油エネルギーを浪費するとかしないとか、適当なバランスでやっていくなんてことではなくて、そういう生活をしなかったらどうなるのかを考え、すぐにその実行に入るんですが、日本人は全然実行に入れない。言葉のキャッチボールというか議論ばかりしています。根本的なものの価値観とか人生観、世界観、宇宙観、そういうものに対する一つの信念というか、宗教も哲学もなくなっているんではないかという感じがします。

金光　ただ、たとえば東洋には二千数百年前にお釈迦さんも出ていらっしゃいますし、人間が普通に考えている考え方だと、本当の幸福には手が届かないんだというふうなことはちゃんとおっしゃっています。あるいはこれまで歴史上にもいろいろな方が、普通一般に考えている幸福追求の方向は間違っている、そういう考え方を一度否定したところに本当の幸福があるんだというふうな、東洋にもずいぶん深い考え方があるように思うんですが、そういうものが生きていないということになるんでしょうか。

福岡　西洋は西洋哲学に行き詰まって東洋の思想、東洋の仏教あたりに救いを求めてきて、それが現在、定着しつつあるし、実践されています。日本人は仏教もあるし、東洋哲学もやっていながら、侘《わ》びとか寂《さび》とか、何にもないいわゆる方丈の生活のなかにも喜びはあることは頭で知っていながら、体はもう忘れてしまっています。日本の文化なんかでも、昔の文化は非常にすばらしいものがあったけれど、日本人はそれらを失ってしまっています。喜びはどんなところから出るかなんて忘れてしまっている。

　簡単にいうと、天気が曇ってくると心が曇ってくる。晴れていると心が晴れてくる。心が晴れるだの、楽しいだの、悲しいだの、こういうものはどこから出てくるのか知ろうとしないで、何にもしなかったら何にも出てこないと思ってみたりするんです。

　それこそここに坐って、昨日、今日のような暖かいところで稲刈りをしていると、稲刈りをしていて何にも考えることがなかったら、それだけで最高だとつくづく思うんです。今年はいろいろな品種が混じっていますから、これはもう自分で、だれにも手伝わせないで一人で刈っています。一人で刈って、五日かかろうが十日かかろうが、このまま刈らしてくれたら、これ以上の幸せはありません。ものを売ることによって金や物をキャッチするのではなくて、全部放してしまえばそこに喜びも最高の幸せもあるのに、人間というのはそれを忘れてしまったんですね。

　喜びの源泉についてお釈迦さんがどう言ったか。『般若心経』をみると一切ないないづくしでしょう。あの『般若心経』には本当によく書いてあります。生きているのでもない、死んでいるのでもない、増えるのでも減るのでもない、年をとるのでもない、若くなるのでもない。ここにいて朝から晩まで刈って時間も空間も忘れてしまったら、年のことも忘れてしまう。増えるのでもない、減るのでもない。多い、少ないなんてことを考えながらやっていたらこれは凡人のやることであって、できようができまいがそんなことは考えなしで、十株刈ったら一日食べるご飯があるんです。山には野菜の捨て蒔きをしたのがありますから、野菜があってコメがあったら生きられるでしょう。それ以上何がいるのかということです。

金光　今度は山のうえの自然農園でお話をうかがいます。この山のうえは元はどういう状況だったのでしょうか。

福岡　ここは六十年前には付近の四十人の農家がイモ畑にして、その次は、終戦後は精農家がここでミカンがもうかると言って作っていたんです。ところが壁土のような赤粘土の土ですし、しかも、ミカンの果樹園の下は、鍬を使ったり手で引き抜いたりして草の一本も生えないようにしていたために緑のない裸地になっていたわけです。その上、化学肥料・農薬づけの農法で作ったために土が死んでしまって、結局全員が次々と放棄せざるを得なかったわけです。その後を引き受けて自分がやりだしてからは、ご覧のように緑いっぱいです。緑いっぱいと言えばいいけれど、秋の七草、ダイコンや菜っ葉類が生えているだけの、緑は緑ですが、何があるかわからないような緑です（笑）。

金光　普通の野菜畑といいますと、きれいに耕されて、畝《うね》があって、そこに同じ種類の野菜が、ダイコンならダイコンがズラッと並んでいて、雑草などはできるだけ取って、虫もつかないように農薬をかけてというふうなことを想像しますが、ここでは雑草のなかにダイコンもあれば、キュウリもあれば、いろいろなものが勝手放題に生えているという感じです。これで虫などは来ないものですか。

福岡　ご覧になったらわかるように、ダイコンでも何でもあんがい虫が来ていない、病気が来ていませんね。言ったら害虫と益虫のバランスがとれている。科学的に言えばそういう説明ができますが、そういうことを言うのが間違いのもとになるのではないかと思うんです。

人間の農耕の出発点は、人間がダイコンの種を蒔いて水分と温度を与えたら種が発芽してダイコンができるという発想です。そうすると、そのダイコンを作るためには、周囲に肥料を争奪する雑草があってはだめだからそれを除くという格好になったり、ダイコンに芯喰虫が来れば困るから消毒をしてそれを除く。小さな世界で見ればそれはたしかに真理で間違いないことです。そうして耕して、種を蒔いて、水をやって、肥料をやれば、ものはできます。科学的にはこれは正しくて、現在、皆さんが実行していることです。

金光 非常に合理的な考え方であるとは言えますが。

福岡 合理的な考え方で、科学的にはそれが真理ですが、逆に秋の七草か春の七草か忘れましたが、ダイコン、カブ、タカナ、カラシナ、いろいろなものがあるでしょう。そうすると、みんなが土壌の栄養分の好きなものを好きなときに取るという格好になります。害虫だって、一つの虫はあれも食べ、これも食べるでしょう。好きなところへ行って好きなものを食べる。あるときは害虫だけど、あるときは益虫になってみたり、バランスをとりながらやっているんです。

全生物は食物連鎖の共同体ですが、自然はある意味では微生物から植物、動物のオーケストラみたいなものです。あらゆるものが総合したドラマが演じられていて、そこに人間の智恵の介入する余地があるかないかです。介入したらうまくできるか。介入したらかえって混乱を起こすだけでうまくいかないのか。

ぼくは人智が介入しないほうが自然のバランスがとれて、作物も健全に育つと考えています。四百四病があっても、病虫害があって病虫害がないという状態になってしまう。土壌も耕さないが、このほうが深くなって肥えてくる。科学的に化学肥料をやったり鍬で耕すよりも、何にもしないほうがミミズやモグラが早く耕してくれる。とにかく耕すことが農耕というか、文化の始まり、カルチャーですね。カルチャーは耕すことでスタートしたと言えるけれども、その文化の最初の方法が間違ったために文化も間違ってしまいました。

それを逆に元へ戻そうとすれば、いちおう自然ではないが放任にしてみる。あるいは自然の真似をして、深い山はそのままに残し、緑肥やアカシアも生い茂ってますが、樹木や小動物が土地を耕すわけです。

金光　ここは最初に手をつけられたときは緑がなくて、土地も非常に硬くて、いわば死んだ土地だったわけですね。

福岡　壁土のような土でした。

金光　それに、ここにあるモリシマアカシアですか、こういう木を植えた結果はどういうことになったのでしょうか。

福岡　表層はダイコンやクローバーやフジなんかが耕し、深層はヤマモモ、クスノキ、センダンの根が耕してくれて、赤土を黒くし、いまくらいにはよくなるんです。

金光　荒れた土地でもダイコンなんか放っておいてもできるんですか。

福岡　ええ。ぼくは何年か前、カリフォルニアの砂漠地帯に行ったとき、あそこでダイコンとか野菜とか、ここと同じようにいろいろな野菜をミックスして褐色の草原のなかに蒔きまして、砂漠のなかで緑のオアシスができないかをテストしてみたんです。そうしたら、ここと同じような状態になるんですね。

金光　ダイコンもできて、野菜もいろいろできて。

福岡　ええ。十種類、二十種類の野菜の種を混ぜてふりまくだけです。ここも実はふりまいたと言いたいけれど、ふりまいたのではなくて、数年前の種が落ちていろいろな野菜が混ざって生えているだけです。

金光　それで何も手を加えられないんですか。

福岡　そうです。今年は一粒の種も蒔いていません。去年の種が落ちて、ある雑草が枯れたらそのあとにダイコンが生えてみたり、まだ雑草が生きているうちは何にも生えてないとか、さまざまになっています。

金光　ダイコンでも太いの細いのがありますが。

福岡　売るのには都合が悪いけれど、小さいのもある、大きいのもある、歪んだのもある、千差万別で、それが自然の状況です。

金光　食べたいときには適当な大きさのものをちょっといただいて、ということでいいわけですね。

福岡　人間が自然と一緒に、自然とともに生きるといえば、そういう格好になります。人間が作るのではない、もらっていくだけです。

金光　だいたい野菜などはちゃんときれいに整地して、雑草を取ってという考えがどうも抜けないのですが、そういうのとは全然違う発想で、ここに野菜なんかを蒔いてみようというお考えは、最初から頭のなかにあったわけですか。

福岡　四十五年前の若いとき、一切無用だ、人智は無駄だ、生態学的に見たり、農耕法を考えて作ったりすることは無駄だという哲理が先行してありまして、それでは放ってみろとなりますが、放ったのでは放任になってしまいます。そこで自然のなかで自然を生かす、自然に仕えていさえすれば自然が人間を生かしてくれるのではないか、強いていえば、自然とは何かということを頭に置いて、自然を壊さないように、邪魔しないようにと思ってやってみただけです。

マツ枯れ

金光　その自然という考え方がまた非常に混乱していまして、自然にというと何も手を加えないで放っておけばいいとなります。たとえば向こうの山のマツはほとんどマツ枯れで枯れているようですが、すぐここにあるマツは枯れかけていたのをこちらで生き返らせたということです。マツ枯れなどについてはどのように考えていらっしゃいますか。

福岡　ぼくは日本の歴史始まって以来の大珍事だと思っています。四十五年前から自然には四百四病はあっても病虫害はないんだという考え方でやってきてますが、山の木は枯れることがない。ある程度の病虫害が発生しても部分的で収まるものです。

　ところが日本中のマツがいまこの状態でしょう。うちの山でも五年前からスタートして三年間で全滅でした。いまの学説でいうとカミキリムシが来て、線虫*が来て枯らすというのですが、それにちょっと疑問をもちまして、この山小屋で三カ年、昔の生活に返って顕微鏡をのぞいてみたんです。その結果、そうは思えんのです。（＊線虫は幹に侵入したカビの菌を食べて生きられる虫で、マツを直接殺すのではない。）

その結果を簡単にいいますと、いま日本の山林の土壌は強酸性になっていまして、この付近の松山市周辺を調べてみても、ペーハー三・八から四・五ぐらいまでの強酸性になっています。マツというのはマツタケ菌とマツが共生している植物ですが、そのマツタケ菌が強酸性で衰弱して、そこにカビ（セノコックム菌）が寄生し、さらに死滅させたり根腐れを起こす。

このマツの根腐れをスタートにして、その次にアメリカから来たアルタナリア菌なんていう病菌が枝、葉、幹のなかまで入って、さらにマツは弱ってしまう。そこに追い打ちをかけて、カミキリムシがもう死にかけているマツに産卵する。そのとき線虫が媒介して幹に侵入し、とどめを刺されてマツは枯れていくという順序だと思います。

これに対して自分がどういうことをしたか。ここにあるのは近所の人がもっていた百万円もする盆栽ですが、枝が三分の二枯れて上は真っ赤になっていました。その放棄したやつをもらってきたんです。根を消毒するとともにマツタケ菌の人工栽培まで手がけて、菌の純粋培養したのをこの根に接種してみたら、どうやら回復して元気が出てきました。
いまの線虫説では日本のマツは救えないのではないか。犯人でいえば線虫やカミキリムシはチンピラにしかすぎない。最後の死骸掃除人です。それよりも大気汚染のようなことで土壌が酸性になったことがスタートになっているはずです。直接的にはマツタケ菌が病害によってやられているのが第一原因だけれど、第二は幹に外来の病原菌が侵入して衰弱したという見方をしています。

金光　こちらの山では、周囲のマツ枯れのなかで枯れていないマツもあるのですか。

福岡　農園内に二反ばかりの山林のマツがあるし、マツ苗も五百本か千本あって、そういうのをたまたまもっていたので、それを材料にテストしてみたんですが、いまのところ石灰をやるだけでも一、二年寿命が延ばせるし、枯れていません。しかし残念ながらまだ実験年数が浅いものですから、筑波の営林局なんかへ行って発表してみましたが、まだ認められていません。日本ではまだこういうのが認められていないんですが、もういっぺん再検討してもらいたいと思っています。そうしないと日本のマツは助からないのではないか。でも、もはやそれすら間に合わないのではないかという感じもしています。

金光　そういうお話をうかがっていますと、そこでもやはり自然と人間との関係が問題になるのではないか。こういうマツなども放っておけばしぜんに大きくなるという自然はなくなったということですね。植物など最初の、新しい芽のときに人間がちょっと手を加えますとそこで歪みはじめて、歪んだままで大きくなって、本来の自然の成長とは違った方向にいってしまうのではないかと思います。そういうものをまた元に返す方法はあるのでしょうか。考え方から変えていかないとその方向へはなかなか進んでいけないのでしょうか。

福岡　一度狂ったら元にはもどらない。いまの経済機構、考え方、価値観のなかでは、元に還すというふうなことを言っても、人々は、なんだ、遊びごとではないかと言います。自然農園のダイコンが歪んでいる、真っ直ぐなものがないというと、商品価値はないわけです。こういうふうな農法が世の中でいま役に立つとも思われないし、また実際はそれとは逆の方向にどんどん発達しています。

　自然から離れたところで人為的な時ならぬものをつくったり、珍しいものを作る企業農業とか、もうかる農業のほうにいかに行っているか。しかも消費者のほうも、どういうものが本当の自然かなんて考えて食べているのではないし、何が本当のダイコンで、どういうものに本当の価値があるのか、本当の価値を知ったうえで、ものを消費しているのではないと思います。

いまは嗜好で自分の口に合ったもの、好みに合ったもの、好きなものを食べて喜びを感じ、それに高い金を出すという格好になっていますから、消費者のほうも生産者のほうも、どちらもますます虚偽の価値観を出発点にし、虚偽のものを追いかけ、虚偽の生産、虚偽の消費に暴走しています。

元に還れということは人間の本当の価値観を知ることです。ものには価値があるのかないのか。本当にあるとしたらどういうものが本当の価値なのか。この一本のダイコンの価値とは何か。自然とは何か。それこそ神や仏のレベルまで反省しないと片がつかないのではないかと思います。

教育——本当の学問

金光　そうなってきますと、またまた人間の問題に返ると思います。人間にも自然の場合のしぜんに伸びるに任せるといったことを応用しますと、放任と自由は違うと戦後よく言われましたが、人間の場合の教育の仕方、育て方についてはどのように考えていらっしゃいますか。

福岡　とにかく人智をつけることが教育、学問だと思っていますし、何か動くことが働くことだと思っているけれども、ぼくは坐禅もしない、何にもしない、明鏡止水というか、白紙の心をつくるために努力するのもよいが、何にもしないことは最大のすることではないかと思うんです。人間が一番喜びを感じるときは、何にも考えない、何にもわずらわしいことがないときです。今日は日曜日だといったらそれだけで喜びを感じるでしょう。今日は何にもしなくていいというだけで喜びを感じるでしょう。無心という世界が最大の喜びを感じる瞬間ですし、その連続が人間の一番の理想郷です。

　人間の智恵の垢を学校へ行ってつけるのではなくて、取り去る、白紙にする、澄みきった心にする。昔は心を磨くと言いました。玉を磨くように磨くのが本当の学問でした。そして明鏡止水の心になったとき、本当の自然、本当の緑が映ります。それによってすべてのものが本当の智慧を得るのに、そうではなくて垢をつけてしまって曇った心で見ることになります。本当の智慧――絶対真理は、曇った分別智では得られません。

　カントが時間と空間の直観形式などといって色眼鏡をかけ、さらに判断力とか純粋理性などという言葉を言いだして智恵をいっぱい詰め込んで、そういう目でものを見るというスタートで教育をしました。人間の智恵を混乱させることが、ものをはっきりさせることだと思ったのが間違いのもとです。情報や相対智の教育は本来無用だったのであり、迷いを広げるばかりです。

生まれたままの目でものを見て、白紙の心で判断していれば、いわゆる良心にしたがって生きていれば何でもなかったのが、人間の汚れた智恵で物事を解釈して発達せしめていったところに問題があります。

どこまでもともかく白紙に還る、自然に還る、原始に還る。いまから原始生活はできないというけれど、昔の人だって原始、自然を知っていたのではないんです。いまも昔も知らないことでは同じです。少なくともいまは、自然に還る、神に還る時代に来ているのではないか。科学と自然との対決ということではなくて、神と、科学と宗教が本当の対話をしなければいけない時期に来ているのではないかと思います。

ここにはイヌやネコもニワトリも放し飼いになっているでしょう。こんなイヌ、ネコだって時間も空間も知っているし、時の観念もあると思うけれど、そんなものは使わないんです。強いものも弱いものもありますが、けんかはするけれど戦争はしない。ニワトリのけんかはよく見ますが、戦争はしないでしょう。なぜしないのか。ここで見ていると、世界の問題でも何でも全部ここのところで片がつくんです。すべてのものが片がつくのに、ここにいたのではつまらない、こんなことをしていてはつまらない。智恵も使わない世界では意味がないと思ってしまう。何にもしなくても世の中はすむのに、あらゆることをしなければ片づかないと思ってしまうんです。

何もしないのか

金光　何にもしないというと、ただ寝ころんで、それこそじっとしているように考えがちですが、どうもこちらでの生活の様子をうかがっていますと、何にもしないとおっしゃるのに、朝からものすごくいろいろなことをなさっていらっしゃる。特にこれこれをこういうふうにしなければいけないということをあらかじめ頭で計画しておいて、そのとおりするというよりも、むしろそのときそのときの状況に応じて自然に体と頭が動いて、そういう仕事をなさっているということでしょうか。

福岡　そうです。ニワトリなどでも朝から晩まで、夜が明けてから忙しそうに走り回って、あれを拾い、これを拾い、忙しいんです。自分たちもあれこれプランを立てているというより、作物に引っ張り回されているんです。

毎日、稲の葉っぱでも何でも三日か五日に一枚ずつ葉ができます。その自然の移り変わりの激しさ、変化につられてじっとしていられない。自然のお手伝いするのにきりきり舞いをさせられ、自然に引っ張り回されて働く。

働くということは自分は好かないんですが、仕えることですね。仕事です。事に仕える。自然に仕える。自然というのは簡単にいえば神だと思います。神に仕える。ダイコンに仕える。稲に仕えるのは楽しい。そうするときりきり舞いをさせられる。多くは人間の業にすぎないが、それで作ろうとする気持ちが起きるんです。それだけ余分に働かされてみたりするわけです(笑)。

金光　先ほど稲を刈っているときはいろいろなことを考えないで、刈っているだけで非常に楽しいというようなことをおっしゃいましたが、そうなってくると、べつにいま働いているんだというふうなこともあまりお考えにならないのですか。

福岡　子供はただ動いているのが最上で、これに意味はつけられないでしょう。仕事、労働という言葉は外国から来た言葉だと思います。これは額に汗して働くということではなくて、何ということはない、遊びといえば遊びです。東洋の言葉でいえば遊びでいいんではないですか。日曜百姓とも言いますが、日曜百姓でも日本の自然さえ生かしておけば、日本人は自然のなかで何もしなくてもすでに生きられる条件は整えられているんです。日本を緑いっぱいの島にしておけば人間は自然に生きられます。

日本列島が緑の島で、スイスではないけれども、本当にきれいなところだったら何にも言うことはありません。平和がいつまで続くかわからないけれど、いまのような状態では自然は徹底的に破壊されてしまうし、経済成長というか、ものがたくさんあれば幸せが来るように思っているようでは、世界中から爪弾きにされる、物笑いになっていくのではないかと感じています。

金光　お忙しいところをお邪魔しました。ありがとうございました。

（一九八二年放送）

第二章

地球に種を蒔く

自然農園

金光　お若いころ、人為無用、人間のすることは一切無用である、ということを悟られたということですが、拝見しますと、向こうのほうでは濠を掘られたり、いろいろなことをなさっていらっしゃるようです（笑）。たとえばここの土地はいまどういうことをなさっていらっしゃるんでしょうか。

福岡　いままでの四十年間、何をやってきたかというと、何をやっていたというより、土地をよくすることを考えてきただけなんです。この土地が四町ありますが、四十、五十年の間に三十八人の人から毎年一反ぐらいずつ引き受けて買い足していきました。

金光　最初狭かったのがだんだん広がってきたのですね。

福岡　そうです。ここの場所は土地が悪いから、いまは何を植えてもだめにみえるんです。

金光　いまここの場所はやせた状態のままであるわけですね。

福岡　この向こうには、去年始めたところ、五年前から始めたところ、十年前から始めたところとさまざまなところがあるんですが、四十年間、作物を作るというよりは、考えてみると自分は土を作ることだけをやってきた百姓ではないかと思うんです。

金光　そうしますと、ここが昨年、福岡さんの農園のなかに編入されたところですが、四、五年前のところというと今はどういうことになっているんでしょうか。

福岡　初めはやせた土で、芝草が生えるぐらいでしたが、向こうは五年ほどたっている土地で、芝草の次にはチガヤや何かが生えだすんです。

金光　放っておいて生えるわけですね。

福岡　ええ、放っておいても五年ぐらいすると、ああいうふうにススキとかワラビとかヨモギとかクサイチゴなどが生えだして、そういうのが生えだすと土がよくなってくるんです。五年くらいたつと、野菜を少し作ってもかまわないくらいになってくるんです。

金光　手を加えられないで、向こうの状況になるわけですか。

福岡　そうです。そして、このごろになってクローバーを蒔いたり、アルファルファを蒔いたり、ダイコンなど野菜を蒔いたりするんです。ダイコンや緑葉作物は土を肥やすのを早めてくれるわけです。自然というのは放っておくとどうなるか。特に一度、科学的な農法をやったりして放っておくと熱帯では砂漠になり土は死んでしまうんです。土が死んだ状態になると、何百年たっても赤土は赤土です。ここがちょうどそういう状態でしたが、いっぺんきっかけをつくって緑になりだすと、どんどん肥えてきだすんです。

金光　そのきっかけをつくるのに人間が手伝ってやる。そうすると早くなるということですね。

福岡　人間が手伝ってやらなければいけないというのは、人為、人間の智恵が加わって、自然状態ではなくなった、人間が何かやったときに自然がストップして壊れてしまったときからです。

　この山なんかも、うちの村で条件が一番いいように見えて土は一番悪いんです。ここは千年ほど前、邪馬台国時代に文化の栄えたところではないかと思うんです。このあたりは堂ヶ谷という地名ですが、古墳時代には御堂が立ち並んでいたとか、あるいは比丘尼城址といいますから尼さんの城があったのではないでしょうか。

　そのころ栄えていたので土が死滅して結局、赤土になってしまい、それ以後、徳川時代からあとは何にもできないものだから雑木山になっていたようです。それを明治の終わりごろ、郡有地だったのを数部落の人が引き受けて開墾してイモ畑にし、終戦後はミカンを作っていたんですが、土地が悪いものだからみな失敗して、ちょうど三十年、四十年で全滅したというのがこの土地の歴史です。

金光　向こうのほうに何か濠を掘っていますが、あれはどういうことをなさっていらっしゃるんですか。

福岡　ここは強酸性の赤土です。初期は自然に放っておいて自然に復活を図るか、あるいは塹壕を掘ってそこへ有機物を入れて早急に復活させるか、模索したころは苦労しました。これはいわゆる有機農法ですが、一番早く土地ができるのが有機農法ではないかと考え、終戦後、藁を入れてみたり、向こうの山の柴を刈ってそれを放り込んでみたり、あるいは木材を入れてみたり、いろいろやったけれども、竹や木材を入れるのが一番早いのではないかということに気がついたんです。これは土地改良になると思い、塹壕を掘って竹を入れる準備をしていました。

金光　草とか蒿とか柴、あるいは堆肥なんかは腐りますが、木材とか竹は一番腐りにくいんではないでしょうか。

福岡　腐りにくく、空間が多く空いているから、上から雨水がしみ込むんです。

金光　竹の筒を節を抜いて入れるわけですか。

福岡　いやいや、そうではなくて、そのまま放っておいても竹は空間が多いから、それで赤土の粘土のようなところにも水が入るんです。雨水を浸透するようにすれば、そこで自然に微生物も繁殖するようになるし、一つの有機物が腐るときには、いろいろな土壌微生物から、ミミズ、モグラあたりも復活してきて、自然に土地が肥える状態が出てきます。しかし結局、有機物を入れたりしなくても、もっと楽に、自然に土地がよくなる方法がありました。樹木・果樹・野菜などの混生する自然農法にさえすれば、おのずと解決する問題だったんです。有機農法は無駄であり、科学農法の一手段にすぎなかったのです。

スギナが一面に生えているでしょう。あれは強酸性ですから、ああいうふうな状況を見ても、ここにある芝草を見ても、草が単純化している。つまり土が悪くなっている証拠ですが、数年放っておけばよいのです。

金光 スギナがいっぱい生えているというのは土が悪い証拠ですか。

福岡 酸性で全然だめだということを示しています。それがこういうふうにカラスノエンドウが生えてきたり、クサイチゴが生えてきたりすると、土が復活してくるわけです。しかし、それでは間に合わないから、このなかにクローバーを蒔いたり、野菜を蒔いたりするんです。ダイコンの種を蒔くと土の復活の速度をはやめることになります。

金光 スギナがたくさん生えている隣には麦とかワラビが生えていますね。

福岡 あれはやはりこういうところにクローバーを蒔いたり、ダイコンを蒔きまして、五、六年たった後なんです。土がどれだけよく復活したかということをテストするために裸麦をばらまいています。まだ小さいところ、土地の悪いところもありますが、麦が一穂に五十粒ぐらいつき出すようになると作物はある程度できるようになります。

今年はそこへ陸稲を蒔いています。冬は麦を作り、夏は陸稲です。人間の食べ物というよりも鳥の餌になるかもしれませんが。その方法としては、自分の田んぼでも畑でも、草のなかに粘土団子にしたいろいろな穀類を蒔いています。これが自然農法の一つのやり方になるわけです。

金光　そうしますと、生えている作物をご覧になると、土地の死に方、荒れ方などがおわかりになりますか。

福岡　わかります。この麦を見てください。酸性になると麦に縦縞がつくんです。酸性の害は麦なんかで一番よくわかるんです。でも、何のことはない、それが健全に育っていくとなれば酸性も変わってきます。死んだ土のペーハーを測ったりするより、植物を見て、ああ、土がどの程度よくなったとか、次はどういう作物が大丈夫なのかということを感じています。

金光　作物によって土地の状況がある程度変わると、最初のころ蒔いてもだめだったものがある段階に蒔くと生えてくるということもあるわけですね。

福岡　そうそう。自然が豊かになっていろいろなものが生えてくる。いろいろな雑草が生えてくるにしたがって、今年は豆を蒔く、麦を蒔く、その次はハト麦を蒔く、粟、黍を蒔くといったことが出てくるわけです。

金光　雑草を取ってしまわないで。

福岡　取らないで、草は草で制するようにします。木で草をおさえることもあります。

金光　草は草で制する？

福岡　ええ。草というのはいつも同じものが生えているのではなくて、自然の状態では数年でころりころりと変わっているんです。だから、その草を見て、草に教えてもらって、今度何を作ったらいいかを決めていきます。

砂漠緑化

金光　この土地でそういうことをずっとご覧になって、草は変わっていくことを体験なさっているわけですが、アメリカとかアフリカあたりでは緑の喪失とか砂漠化が話題になっています。そこでも同じような自然の動きがあるのでしょうか。

福岡　五、六年前にアメリカへ行ってみて驚いたのは、その砂漠化です。日本の芝草の代わりに向こうはフォックステール、キツネの尻尾が生えていますから、私はアメリカ人はキツネの尻尾にだまされているんだと言ったんです（笑）。

　これは牧草でして、二百年前に入ってきたらしいんです。アフリカではフォックステールとかスーダングラスが日本の冬の草の代わりに生えていまして、これが占領してしまってほかの草が全然生えない。そして夏になってこれが枯れると褐色の草原になりますから、その照り返しの光で温度がますます高まっていわゆる砂漠状態、砂漠とかサバンナになってゆくわけです。

　この草を退治することが必要ですが、土地がだめになっているのも、自然の生態系が壊されて植物の単純化が起こっていることに気がついたんです。この草を退治することが自然の復活、砂漠化を防止する手段になるのではないか。実はアメリカへ行ってカリフォルニアで二カ月ほどの間にテストをしてみたらあんがい成功しました。

金光　どういうテストをなさったんですか。

福岡　これは枯れているんではない、夏眠し寝ているだけなんです。フォックステールやスーダングラスがほかのを寄せつけないために砂漠になっている。だから、これらの草が目を覚ませばいい。目を覚まさせるのに水を一週間散布するとか、あるいは飛行機から石灰窒素をまく。そうすると目を覚まします。夏、時ならぬときに目を覚まして、目を回してまた死んでしまう。褐色の草原が一時緑になってまた枯れるんですが、枯れるときに同時に日本からもっていった野菜の種を草のなかに蒔いておくんです。そうしたら、草が枯れても、ダイコンとかカボチャとかキュウリとかヒョウタンとかヘチマとか、こういうものだけが残って緑になります。

金光　ちゃんと生えるんですか。

福岡　ええ、あとで写真をお見せします。草を枯らすと同時に、日本の植物みたいなもので緑が復活できるんです。草原のなかのちゃちな一反か二反のところでポッとやってみたんですが、褐色の草原が緑になりました。

　国連の砂漠化対策局長に呼ばれまして、イラン、イラクの砂漠をどうしたらいいか考えてくれと言われましたが、そのときは冗談ぐらいに聞いていたんです。しかし、気がついてみますと自分は四、五十年百姓をやって、何をやっていたのかというと、自然の復活だったのです。

自然を復活するということは自然農法を研究することです。研究するというか、道を探ることになりますから、この山で土を生かす手段がそのままサハラ砂漠、アフリカでいけるんではないかという思いがしてきたんです。国連の砂漠化対策局長に約束したこともありまして、ここ五、六年一生懸命考えていましたけれど、何のことはない、ここの草や木の種をもっていって生やせばいいんだということです。

金光　しかし、雨が降らないところだから砂漠になる。雨が降らないと野菜とか草も生えないと思うのが普通ではないかと思いますが、そのへんはどういうふうにお考えですか。

福岡　そうではなくて、草がなくなったから砂漠になったんです。草さえ生やせば雨は降りだすんです。何の草を植えたらいいのかについては、いま残っている草を植えるのか、あるいは砂漠化のスタートになったころの植物を植えるか、この二つの手があります。うちの山には、水がなくても年間降雨量五十ミリでけっこう生えるランやアカシアはあるし、石のうえにでも生えるコケや何かがありますから、そういうものを向こうへもっていって蒔いて緑にすれば、おそらく雨は降るでしょう。

　それで最近、この一カ月ほどの間に東京へ行っていろいろ調べてみたり、エチオピア、ソマリアに日本の青年が三人、四人行ってやっているところがありますが、話を聞いてみますと、話を聞けば聞くほどけったいなんです。エチオピアの難民が避難しているソマリアに行ってみると、エチオピアからの千キロの大河があって、その大河には旱魃《かんばつ》時、三カ月、四カ月も雨が降らないというのに水深何メートルかの水はいつも流れているのです。ジュバ河といいますが、その河のすぐそばは砂漠。水はたっぷりあっても、すぐそば、河端から砂漠です。

それに、難民に野菜でも作らせたらいいかと思ってそういう相談をしますと、野菜や穀物を作ることを政府が方針として禁止しているんです。日本の減反ではないけれど、禁止して、おまえたちは綿を作れ、コーヒーを作れ、ここにはこれを作れと五品目ぐらいに決めている。つまり商社の下請けの作物だけを作らせて、自活できる作物を作らせることは徹底的に抑えている。だから自活できない。自活できないのに売るためのバナナなんかは作るんです。

そのバナナも一キロ二円五十銭です。東京に来たら二百五十円なのに二円五十銭で、それを地主に半分以上納めるから、農民がもらっているのは一キロ一円です。こういうやり方では食えるはずがない。

野菜の食べ方を知らないから、日本の野菜を送っても食べ方が分からない。食べる野菜は四、五種類です。川にも海にも、紅海にも手づかみでとれるほど魚はいるのに、魚を食べる習慣がない。タンパク源は豆だけです。しかも、限られた量しか作らせない。そこへ日本の野菜類、穀物類、コメや麦、雑穀類の種を送っていますが、砂漠を緑化するのと一緒に穀物類やそういう作物や果樹などの食糧の種を送って、作ってもらうことにしたらいいんではないかと思っています。

金光　そうしますと、ただ、種を送るだけではなかなかうまくいかない。人間の文化というか、自然に対する考え方、自然との接触の仕方みたいなものまで含めて考えないとだめなのでしょうか。ほかにもいろいろ障害があると思いますが、とにかく現在、砂漠になったところは雨がないとだめだと私なんかも考えていましたけれど、そうではなくて、これまで五十年なさってこられた自然農法のやり方で緑は可能である、緑化は可能であるとお考えになっていらっしゃるわけですね。

福岡　調べれば調べるほど純粋な砂漠はきわめて少なくて、ほとんどが準砂漠かサバンナです。少なくともサバンナあたりでは作物は十分、何でもできます。緑にすれば、雨が呼べる。

金光　粘土団子といっても、しかし、種をパラパラと蒔くだけではとてもできないわけですよね。

福岡　現状が破壊されていまして自然の状態ではないですから、やはりそれにはちょっとしたコツと言えばコツがあります。自分がいま農園で、耕さなくて、肥料をやらなくて、農薬をやらなくて作るためには、粘土団子にした多種多様の種子をばらまけばいいんです。たとえばこういうところに単一の種を蒔いたのでは生えません。ところが粘土団子にして蒔けば生えます。ですから、そういうものを広く蒔いてもらったらいいんです。人海戦術で蒔くか、飛行機のうえから蒔くか、そういうのが一番手っとり早いので、そのテストだけでも早くしてみたいと思っています。

金光　しかし、そのへんの土で真似しようと思っても聞いただけではなかなかできにくいし、意外と難しいのではないかと思いますので、具体的にそちらでちょっと作ってみていただけますでしょうか。

福岡　はい。

金光　いまは稲の種ですが、これはどんな種でもいいのですか。

福岡　水田や畑、こういうふうな山畑あたりで蒔く場合にやるといいんです。もちろん山などで大豆を蒔きましても、鳥がよく来ますから、粘土団子にしておかなければ食べられてしまいます。籾を蒔いたとき、ネズミとかスズメ、鳥類が大敵です。それと、砂漠あたりでやるとなれば水分関係も大事ですが、粘土にしておきますと発芽が非常に楽になります。粘土団子を作るのにコンクリートミキサーを使うと一番早いが、いまやっているように少量の場合は、金網を使ってもよい。初めから一つひとつ団子にするわけにいきませんので、種を混ぜ、練った粘土の塊をこうやって押し出すんです。下のムシロのうえに、不完全ですけれどつぶつぶの丸いようなものができて落ちます。この下に落ちたのを二、三時間か四、五時間乾燥させて、さらに今度は両手でもむ……。

金光　こちらにあるのは。

福岡　これは二、三時間乾かしたものですけれど、かきまぜるように、こうやって押し、もむわけです。もみますと団子ができます。水分関係と粘り気がうまくいっていれば非常に簡単にきれいな団子ができます。

金光　やはりきれいな団子のほうがいいわけですか。

福岡　きれいな団子のほうが種が真ん中に入り硬いわけです。団子がきれいにできていないと野ネズミなんかにやられますから。

金光　たとえば野菜なら野菜で蒔く時期というか、生える時期がありますでしょう。

福岡　もちろんありますが、だいたい原野で蒔くような場合でしたら、前作物の穂が出て枯れかけたときに蒔くのがいいんです。

　前作物とか前にある草を見て、草が成熟期を迎えるなと思うころの半月か一カ月前に蒔くと自然に生えます。緑のとき、これから繁茂しようというときに蒔いても野菜が負けるときがあります。ですから、ワラビがたくさん生えているとか、あるいはダイコンが生えているようなときに、ワラビが枯れはじめたころにこういう野菜を蒔くとか、野菜類はみんな草を見て蒔きます。

金光　でたらめにのべつに蒔いても効果は少ない。

福岡　夏草が終わりに近づいたときに冬の野菜類を蒔きますし、季節が夏に向かうころや、冬の草が終わって春草になるときとか、季節の境目に蒔きます。夏草が生える前に、先に野菜を蒔いておけば野菜ができます。

金光　二、三十年たつと、そんなにいちいち蒔かなくても自然のサイクルで生えてくるわけですか。

福岡　いま言ったのは最初の話でして、年数がたつとそこらあたりでもワラビが生える、

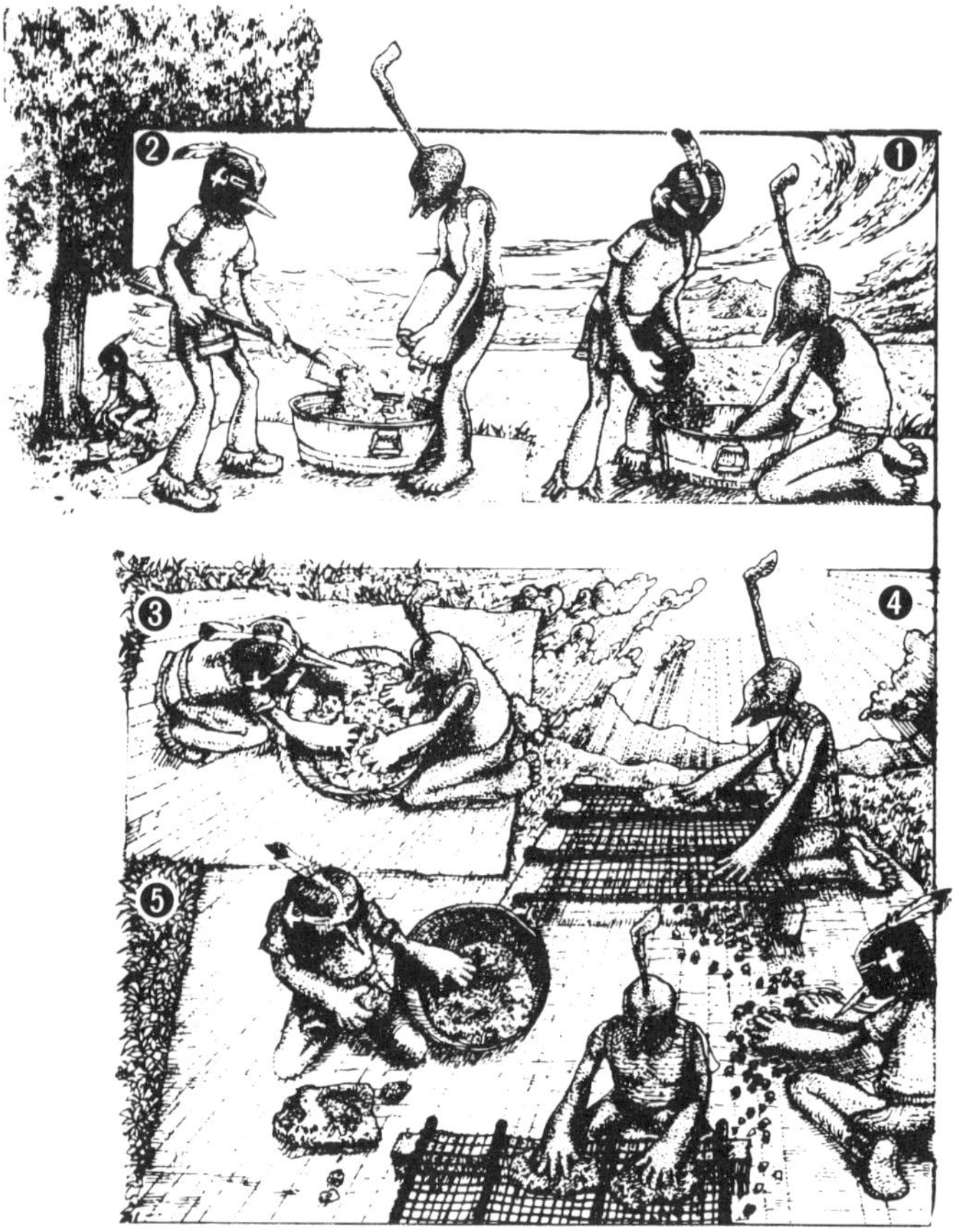

金網を使った粘土団子の作り方

① 種子と粉末状の粘土（種 1 に対して粘土 7〈容量比〉を用意する）をよく混ぜ合わせる。　②①に耳たぶぐらいの軟らかさになるまで少しずつ水を加え、よく練る。　③は②を上から見た図。　④よく練ってまとまったものを金網を使って押し出す。　⑤④をさらに団子の表面がつるつるになるまで両手のひらでもみ、風通しのよい日陰で 2 ～ 3 日乾燥させる。

註　本書に収録した三つの絵（P. 52, 53, 179）は福岡氏の自然農園を訪れたインディアンが描いたもの。

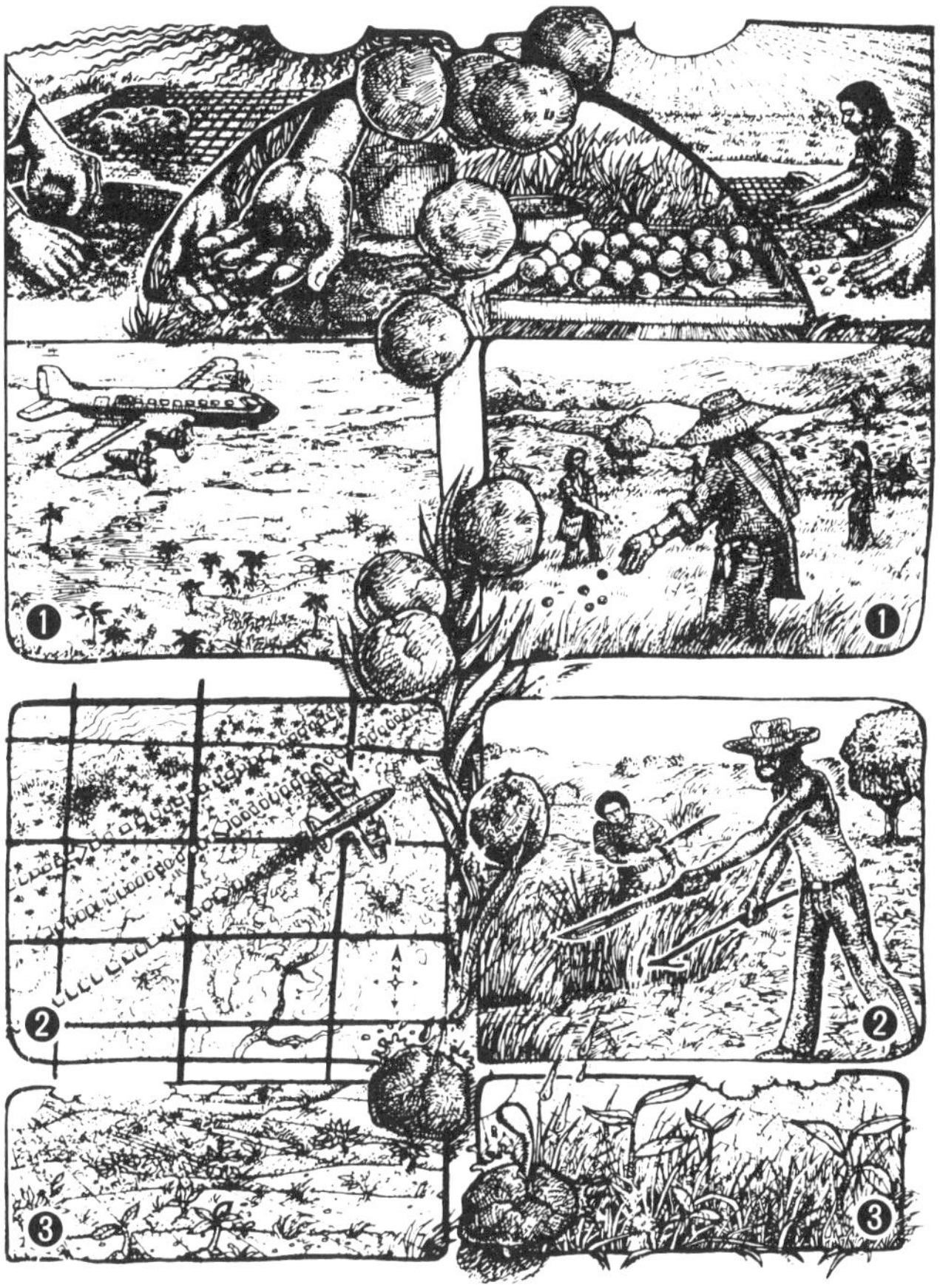

航空蒔き

① 飛行機などで砂漠など広い面積に粘土団子を蒔くのに適す。 ②は①を上から描いた図。 ③ 種は根を下ろし、粘土団子から発芽した。

手蒔き

① 草地に粘土団子を蒔く。 ② 蒔いた後、草を刈る。 ③ 粘土団子から芽が出た。

※粘土団子の特許番号：特許第2053201号 砂漠緑化用多重層にがり粘土団子状種子の製造方法

ダイコンが生える、麦が生える。放っておいても次々にそうなってくるんです。最初の年にダイコンでも蒔けば、翌年から、二年目からダイコンは蒔かなくていい。最初のときだけです。自家用にするなら、何本かところどころ残しておけば、花を咲かせておけば、花が咲いて、実が落ちて、そこに増えてくるわけです。

金光　とうとう雨が降りだしてしまいました。立っているこの場所から後ろというと、だいたい何年ぐらいかかっているんでしょうか。

福岡　ここは二、三十年たっています。

金光　あちらのモリシマアカシア、あの木は何年ぐらいのものですか。

福岡　あれは五年です。あちらのが六年です。十年でひとかかえになります。

金光　あんなに大きくなるんですか。

福岡　日本で一番成長の早い木だと思います。世界にはもっと早いものもあります。

金光　ここの風景は、アメリカとかヨーロッパの田園風景に比べますと、絵はがきで見ているせいかもしれませんが、向こうはわりに単調な緑が多いようですけれど、ずいぶん複雑な、いろいろなものが生えていますね。

福岡　よそへ行ってみて一番気がつくことは、樹木の種類が少ない、草の種類が少ないことです。日本には春の七草、秋の七草があるし、広葉樹林もあれば針葉樹林もある。落葉樹もあれば常緑樹もある。向こうにはこういう風景がないわけです。だから、写真に撮れば非常にきれいだけど、きわめて単純で、日本の庭園のようにいろいろな樹木が植わっているなんていう風景は写らんわけです。

金光　二、三十年たつと、最初のころのようにいろいろな手を加えたり、いろいろなものを植えられたり、種を蒔いたりという必要はなくなってくるわけですか。

福岡　自然にうまくやれるようなやり方になってきます。たとえばここの場所でも、ここはいま雑然として何でも生えている格好ですけれど、ここにはウマゴヤシがぽつぽつ蒔かれていますし、クローバーもあります。これからの夏、足元に豆科の野菜でも作ろうと思ったらウマゴヤシがいいわけです。ウマゴヤシがあってそのなかにソラマメがあるとか、これからササゲとか大豆とか小豆をつくるには、全部ウマゴヤシにしておいてやればいいわけです。

　樹木も、現在はスタートしたばかりですが、ミカンをやめて今度は下のほうに、土が肥えてきたからイチジクをやる。その次にはビワをやる、その次にはブドウをやる、モモをやる、スモモをやる。上のほうにはカキをやる。ここはいま落葉樹を主体にした園になりつつありますが、そのなかにヤマモモとかビワなどの常緑樹もある。常緑樹と落葉樹が交互に植わっていて、しかも日本の果物は全部植わっているぐらいになるわけです。

労働生産性と土地生産性

金光　そんなにたくさんのものを植えておいて、同じ土地の生産力で結果はよろしいんでしょうか。

福岡　労働生産性からいいますと、収穫時の能率が悪いんではないかと言うでしょう。たしかに一つの広いところで同じ機械を使って生産を上げるほうが、作業能率はいいんですが、土地生産性はだめになってしまいます。

　自然農園をこしらえますと、二、三年後を楽しみにして、五、六年で高木になり、収穫には非常に不便です。けれども、いろいろな樹木や草木が繁茂して土地の生産性はどんどん上がっていきます。自然にできる状態です。肥料、農薬を全然使わなくて自然にできる果物類でしょう。取る手間さえいとわなければ、土地の生産力でできる、自然の力でできる果物園になってくるわけです。

どうして肥料がなくてできるのか。ヤマモモとかモリシマが窒素や燐酸をつくってくれるからです。肥料はおのずからヤマモモ、モリシマ、クローバー、アカシアが作ってくれる。ルーサンとかウマゴヤシをやっていれば肥料はいらないわけです。

金光　天然の肥料工場があるようなものですね。

福岡　肥料工場があるから自給自足でみんな太ってくれるし、落葉樹と常緑樹が交互にあるから天敵なんかも増えて、消毒しなくてもすむという格好になります。土地に応じた果物が植えられているから、最後には人間の手間はいらないし、人知も人為もいらなくてできるという格好です。

金光　たとえばヨーロッパあたりの、何百年も単一の作物を作るようになったのは進歩しているということではないのですか。

福岡　進歩しているのではなくて、単純化されて、土地そのものは死んだ土になっているわけです。自然というのはずんずんいろいろな草が生えてきて、いろいろな植物が生えてきて、動物が増えてくる。種類が増えてくる。あらゆる生物が生き生きと繁茂している状態が自然が豊かになってくるということです。自然が豊かになってくることがしぜんなんです。

ところがいまの科学農法とか西洋式の考え方でやれば、単純化して土は死んでしまう。植える植物の種類は少なくなる。動物も少なくなる。外国人がここへ来て一番驚くのは、クモがおる、カエルがおる、ヘビがおるでしょう。カエルなんかおるとフロッグといって珍しがるんです（笑）。

動物が少ない状態は死滅した状態なんです。虫もいない、絵はがきみたいな風景ですから、人間には快適な状態ではあります。人間のための自然であり、人間のための農業になっている。自然のための自然農業ではないわけです。自分が思うに、人間の取る手間なんかより土地を肥やす自然のための農法があっていいはずです。

金光　いま将来の食糧危機の心配とか、緑の喪失とか、地球的な規模での砂漠化が進むとか、いろいろ心配されていますが、自然のための、自然が本当に生き生きと働くような方向ですと、そういう心配はなくなりますか。

福岡　もちろんなくなります。あらゆる動植物と同じように人間も自然のなかにあるわけです。人間が増えすぎてはいけない、だから人口制限しなければいけないというのはおかしくてしょうがないですね。自然が豊かであれば、それに伴って人間も十分生きられるんです。

自然と人間が一体ということよりも、自然と人間を分けたでしょう、西洋では自然と人間を対立させたでしょう。そのときが過ちのスタートで、そのときから人間は一人で知恵を使って苦労しなければいけない、一人で作物を作って食っていかなければいけないということになったんです。

でも、自然そのものはしぜんに豊かになるし、ここでは、鳥や何かでもついばんで食うだけで、何にも苦労しないではないかという格好になってくる。苦労して働かなければいけないというようなことが起きたそもそもは、自然から背いて人間が自分の智恵で独立して生きようとか、自然を観察してコントロールしようとする自然科学なんてものが発達したからなんです。自然を生かす自然科学ではなくて、自然を殺す反自然科学が人間の科学になったからです。

金光　むしろ自然本来の働きのなかから、人間に都合のいいものをどんどん取ってしまう。取り上げる農業の方向に行くことになったわけですね。

福岡　そうです。取り上げたつもりが、取り上げていたのではなくて、与えられるものが少なくなってきているわけです。

金光　単位当たりでは非常に少なくなっている。

福岡　単位当たりでいいますと、ちょうどアメリカの歴史がそうですが、前には一のエネルギーを与えたら四のエネルギーをもらえた。十年たってみると一を与えて二しかくれなくなった。現在は二のエネルギーを与えて一のエネルギーしか収穫できなくなっている。小麦の生産でも、コメの生産でも、みなそうなっています。

日本も昔は、終戦時分は一を与えたら四をもらえたのではないでしょうか。ただ、自然が与えてくれたわけです。そういう状況だったのに、肥料と農薬で土が死んでくると一を与えても二しかくれない。ところが、いまの日本は一を与えて一をもらえたらいいんだというところまできている。生産ではなくて石油エネルギーとの交換農業に変わってしまって、しかもマイナスの生産になる、その境ぐらいに来ていると思います。

ですから、あと十年もこのままで行けば日本の農業は、そうでなくても滅ぼされつつありますが、生産ではなくて加工で、しかも二のエネルギーを与えて一の収穫しかできなくなるでしょうから、根本的に成り立たない農業に転落していくのではないかと思っています。

金光　いま基本的な考えとして、やはり何とか生産力を高めて収益を多くする方向にみんなの目が向いているんではないかと思いますが、そういう見方自体をどこかでもう一度見直す、自然と人間の結びつきをもう一度見直すという見方に変えないと……。

福岡　見方を変えなければいけませんが、変えようとするとまた頭を使うわけです。ああだこうだと言って先端技術なんかが発達するようなことになりますが、そういうことをしても人間の考える発達は部分的なわけです。発達しているように見えても、全体から見ると必ずいびつになっているんです。結局、大きな目で見ると反自然になっている。反自然というのは不完全ということです。

　自然というのは完璧で完全なんだけれども、壊されるにしたがっていびつになっていくし、不完全になっていく。科学の方向で行けば、いくら発達しても、自然科学が発達すれば何とか修復できるんではないか、自然を守れるんではないかと思うけれども、それは不可能です。それはむしろ間違いでして、根本的にどんな科学も反自然なんです。発達ではなくて、崩壊の方向、堕落していく方向、転落の方向になっていきます。

金光　そういう人間の智恵の働かせ方でないところ、いわば自然本来の働きそのままが生きて働く方向を、これまでずっと追求していらっしゃったということになりますか。

福岡　そうも言えますが、追求などということではなくて見ているだけなんです。自然はどんなものか、自然は何かと言われても、どれが本当の自然やら自分たちにはわかりはしません。先ほどのところにしても五年、十年と五年ごとにころころ変わっています。
しまいには樹木が生える、木が繁るという状態になって、ああ、これで自然がよくなったんだなと勝手に思っていますが、ここに農地があるのが本当なのか、クローバーがあるのが本当なのかどうか。勝手に自分が理屈をつけているだけで、本来ここには何があって、どうなっていくのが本当なのか。自然が自然になるのを、じっとぼんやり見ているしかしょうがないんです。

金光　基本はそこにある、そこのところを無為というような言葉でおっしゃっているわけですね。

福岡　ええ。自然といってもどちらを向いて言っているのか。自分たちが分別すると必ず間違いを起こします。いまのような理屈は科学的な理屈でして、そんなものを超えて自然は動いています。本当の日本の自然はどうなのか。アメリカの自然はどうなのか。サハラ砂漠はどうなのか。あれが本当の自然なのか。
人によっては砂漠になるのが自然だと思っている人もいるようですが、そうではなくて、緑豊かな、昔の広葉樹林地帯になるのが本当だと思います。サハラ砂漠だってこういう樹林になるのが本当なんです。カリフォルニアの砂漠地帯でも氷河の森やレッドウッドの森を見ますと、その砂漠のなかに百三十メートルの大木があるんです。なんでこんな木があるのか。その下の灌木や雑草をみると日本のものに非常によく似ている。砂漠はサボテンばかりですが、百メートル先の、すぐそばにこういうのがあるんです。

砂漠に種を蒔くということ

金光　ただ、地球的規模で考えた場合、目の前に砂漠化しているところがたくさんあって、それを緑の土地にするためには手助けというか、きっかけを与えてやらなければならない。そういう意味で、現在ここの自然農園のなかに生えているいろいろなものは、非常に貴重な役割を果たしていることになりますね。

福岡　自分もこのごろ、自分は日本の百姓のなかでも惰農に見えるだろうが、惰農の作っている農地を、この一平方メートルの土をアフリカにでもこのまま移せたら、それがきっかけになって緑に変えることができるだろうかとつくづく思うんです。

　今度うちのおコメから稲から、横浜や松山の種苗店や、千葉県の育種農場から多量の野菜の種をもらって、それらをソマリア、エチオピア、タンザニアの三カ国に送ることになっているんですが、この一粒から必ず緑がよみがえるという見込みは百パーセントと言っていいぐらいあるんです。あるんだけれども、送っても蒔いてくれる人がいないんです。

向こうの自給自足とか自活生活に対して政府や何かはまったくそっぽを向いています。食糧を与えるから、綿を作れ、とにかくコーヒーや紅茶を作っていればいいという政策です。だから砂漠に種を蒔くなんてことは夢みたいに見えるけれど、しかし、できないはずはないんです。どうしてそういうことをやらないのか。ただ、目先の食糧援助や医療の援助だけに終始するのか。

金光　たとえば日本の場合も、ここでこれだけいろいろなものができていても、それを自分のところでやろうとしてもなかなかうまくいきません。ということは、人間の生き方についての価値観、本当の生きる喜びみたいなものに対する感じ方、見方に違うところがあるからではないですか。

福岡　あるどころではなくて、それが一番の原因でしょう。この山では金もうけにならない。一般には金をもうけて生きる手段を獲得し、それで食物を買って食べるという建前になっています。人間本来の生き方はそうではないのに、ここにあるような自然に植物ができて自然に生きられるという態勢をだれもとろうとはしません。エチオピアでは、遊牧民族だったら動物を飼って生きるものだと思い込んでいるから、向こうでは棒で穴を開けて種を落とすことが大変な技術なんです。

金光　そういうことをしようとはまったく思わないわけですか。

福岡　考えてもいませんね。野菜を作ることも穀物を作ることも知らない民族が大半だということを日本人はほとんど知らないで、みんな種を送れば蒔いてくれると思っています。砂漠にも地主がいる国もあり、こんなところに蒔いてもらっては困ると言うんですから（笑）。

金光　自分の土地だからダメというわけですか。

福岡　野菜を食べる習慣はないとか、トカゲやイモリやヘビみたいなものを食ったら人間が這いだすんだとか言って、それだけのことでタンパク源の動物や魚も食わないという習慣でしょう。人間の考え方が、アフリカの人間も間違っているけれど、いまの文明社会の人間たちも原点が違っているように思います。

あの人たちはエジプト文明からあれほど長い歴史がありながら、どうして民族滅亡のところまで追い込まれているのか。植民地政策もあるでしょうが、それ以上に考え方が問題でして、みなそんなところまで転落してしまったんです。日本人や欧米人は非常に豊かになって何にも言うことはないと思っているでしょうが、足元では大気や緑が加速度的に衰亡しています。アメリカはすでに第二のサハラ砂漠になっていますし、ヨーロッパの緑も土地の下は砂漠になっていますよと言ってきたんです。

金光 表面は緑があってもちょっと下は砂漠ですか。

福岡 アメリカもヨーロッパも一メートル下は砂漠です。それに気がつかなくて、表面だけ化学肥料と石油エネルギーでやっている。だから、いまの緑は石油エネルギーが変化した緑で、本当の緑は失われている。ぼくは偽物の緑だと言っています。

そのなかで人間は金もうけをしなければ生きられない。価値観の問題というより、人間はなぜ生きるのか、人間の生命はどこにあるのか、何が基になっているのか、自然の心とか生命、神とか仏とかという言葉がありますが、それを早く明確にキャッチしないといけません。

多種多様な価値観があっていいんだと言う先生たちもいますが、ぼくはやはり本当の価値観、真・善・美は一つしかありませんよと言っています。いくつもあってみんな違っていていいじゃないか、人間の生き方にもいろいろあっていいじゃないか、価値観もいろいろあっていいじゃないか、そんなことを言っている時期はもう過ぎているんではないでし

郵便はがき

料金受取人払郵便

神田局
承認

1280

差出有効期限
令和５年３月
31日まで
（切手不要）

101-8791

535

千代田区外神田
二丁目十八—六

春秋社

愛読者カード係

＊お送りいただいた個人情報は、書籍の発送および小社のマーケティングに利用させていただきます。

(フリガナ)
お名前　　歳　　ご職業

ご住所 〒

E-mail

小社より、新刊／重版情報、「web 春秋 はるとあき」更新のお知らせ、
イベント情報などをメールマガジンにてお届けいたします。

電話

※新規注文書（本を新たに注文する場合のみご記入下さい。）

ご注文方法　□**書店で受け取り**　□**直送(代金先払い)** 担当よりご連絡いたします。

書店名　　地区　　書名　　冊　　冊

ご購読ありがとうございます。このカードは、小社の今後の出版企画および読者の皆様とのご連絡に役立てたいと思いますので、ご記入の上お送り下さい。

〈書　名〉※必ずご記入下さい

●お買い上げ書店名(　　　　　地区　　　　　　　　　書店　)

●本書に関するご感想、小社刊行物についてのご意見

※上記をホームページなどでご紹介させていただく場合があります。(諾・否)

●購読メディア

新聞
雑誌
その他
メディア名
(　　　　)

●本書を何でお知りになりましたか

1. 書店で見て
2. 新聞の広告で
　(1)朝日　(2)読売　(3)日経　(4)その他
3. 書評で(　　　　　　　　紙・誌)
4. 人にすすめられて
5. その他

●お買い求めになった動機

1. 著者のファン
2. テーマにひかれて
3. 装丁が良い
4. 帯の文章を読んで
5. その他
(　　　　　　　　　　)

●内容

□満足　　□不満足

●定価

□安い　　□高い

●装丁

□良い　　□悪い

●最近読んで面白かった本　(著者)　　　　　(出版社)

(書名)

㈱春秋社　電話 03-3255-9611　FAX 03-3253-1384　振替 00180-6-24861
E-mail:info@shunjusha.co.jp

ょうか。そんなことを言っていたら、十年後、二十年後には人類の滅亡も考えられないことはないというところまで追い込まれています。価値観を転換して何とか長生きしようとか、もっと豊かな生活をとか言っているけれども、豊かという言葉でも自然を離れた豊かさがあり得ると思っているのが……。

金光　自分の足元が崩れてきているうえでいくら言ってもおかしなことになる。

福岡　砂上の、それこそ砂漠化にしても、サハラ砂漠だけが砂漠ではなくて、人間の心の砂漠のほうが出発点だということでしょう。

気持ちよく生きる——生きるということ

金光　多種多様な生き方があっていいんだという言い方をたしかによく聞きます。スミレはスミレで、ウマゴヤシはウマゴヤシで、それぞれの特徴があります。人間の場合でもそれぞれ特徴があると思いますが、もう一つ掘り下げて基盤のところまで行くと、自然に生かされて生きているというところに行く、その働きのところに気がつくか、つかないかでずいぶん違ったことになってくると思うんです。

福岡　大小があるとか、いろいろな植物があるとか、話すときにはいちおう智恵を使ってそういうことを言いますが、これがいい草だ、悪い草だとか、大きな野菜、小さな野菜とか、そういうことを超えたところになると、もう名前なんか知らなくてもいいんだ、覚えなくてもいいんだ。そんな智恵は無駄だ。識ることは憂いの始めで、知識を吸収して情報が多くなればなるほど人間は迷うし混乱するだけで、自然から転落していくだけですよと言いたくなるんです。

　先ほどから草と木と樹木を区別して言っていますが、本当は何にも言わないほうがいいんです。とにかく自然というのは名がつけようがない。発達とか進化とか適応などとも言いますが、そういう科学的な考え方自身を超えたところで動いている、流転しているというだけでいいのです。自分が人智を捨ててみたらその流れに乗れるかもしれないし、また、乗れなければいけないと思うだけです。

金光　植物に植物学はいらない、天文に天文学はいらない。天文学とか植物学がなくても星は動き植物は成長するという話を聞いたことがあります。

福岡　ギリシャでは五大元素と言いますね。哲学者が言ったようですが、風と光と土と水と火という五元素があれば十分だ。これがいろいろな働きをして即宇宙になるとぼくも言ったんですが、考えてみますと、この五元素も分けたときのスタートが間違いだったんです。水とか火とか風を区別して、大小があるのが自然だと言ったけれども、大小があるという言葉は不自然です。五元素があるということは、それ以上の元素なんか研究する必要もなかったんだと言えばよかったし、五元素すら知らなくていいんです。

　自分たちは自然を生かして自然農法をやってきたと五十年前から言ってきましたが、実は口で言っているだけで、本当は何にもしなくて、ボーッとぼんやりと見ていただけです。五年、十年とやってきて、よくなってきたら豆を蒔こうかな、よくなってきたらこれを植えようかなとずっとやってきただけです。だからどの百姓よりもテンポが遅くて、金もうけには一番迂遠なやり方です。

金光　ただ、拝見していますと、一番気持ちよさそうにそういうことをなさっていらっしゃるような気がしますが。

福岡　若いときに、人間の智恵もいらない、やることは無駄だ、ものに価値があるのではないと思っただけなんです。五十年間同じことを言っていますし、それ以外のことはどうしても考えられないんです。ものに価値があるか、智恵に価値があるかないかなどということを、智恵で言っておいて、そのあとすぐに腹のなかでは、それもいらないんだよという言葉がいつもあるんです。

金光　しかし、無為とおっしゃりながら、実によく働いていらっしゃいます。

福岡　人間が間違いをした罪を償うという意味で働くんです。自然に返すきっかけを作るだけはやってやらないと……。

金光　あまりにも壊してしまったから。

福岡　壊したからそれを償う意味で、自然復元のきっかけをつくっているだけです。根本的には自然がうまく軌道に乗って動きだしたら任せておいていい。無為自然というのは言葉で言うだけではなくて、無為自然に行えるようになるのが一番終局でもあるし、それがスタートにもなります。バカみたいに、念仏を唱えるように、「無為自然、無為自然」と無心になっていかなければいけないのではないですか。

白紙が一番いいんです。いつも白紙である。のんびりしているとか楽しそうだというのは、バカになっているときが一番楽しいわけです。ものを考えたりすると顔がクシャクシャになるし、何にもしなければ楽しい。今日のような雨降りの日は、囲炉裏端にいて火でも焚いて菜種の花でも見ていれば、ここはもう桃源郷になってしまうんです。

金光　こんな屋外に引っ張り出してしまって申しわけありません（笑）。

福岡　何にもしないときだったら、たしかにこの山は世界で一番の桃源郷です。地上天国をつくるなんていう言葉もありますが、つくろうとすることが間違いで、そのままでいい。ここがそうなんです。ここの豆の花、ダイコンの花、菜種の花、これそのものが桃源郷です。

いま遺伝子工学でいろいろな生物をつくれるけれども、これだけたくさんある植物や動物のうえに何をつくろうとしているのか。ぼくは先端技術は末端技術であると言っています。泡沫の花を咲かせるだけです。この花以上の花を人間はつくれるのか。

このごろのアニメーションのようにどんな怪獣をつくってみても、バッタの頭ぐらいを拡大したのとたいした違いはないんです。人間の発想は自然から出られないし、それを超えたつもりでいても超えられないんです。

超えるとしても考えて超えるのではなくて、もし超える方法があるとすれば、無心とか白紙になる以外にないんです。超えてみて白紙になる以外にないんです。下手な、自分たちのような凡俗のものが頭を使って傑作をつくってやろうなんて思ったら、とんでもない植物や動物をつくるだけですし、しかもそれは自然の生態系を壊すことに役立つだけです。

ついでに言いますと、動物でもこのごろコピー動物をつくったり、多産系のものをつくったりしているでしょう。こんなものをつくられたら、植物を単純化するのにすばらしい威力を発揮する動物やウシやブタができるだけです。それでなくても、ただの普通のウシやウマを飼っただけで、地球はこれだけ草が単純化して砂漠化してきたのに、さらにこれ以上もの食いのいいウシをつくるとか、多産系の動物をつくるとかされては、自然の生態系は加速度的に壊されてしまいます。

動物学や水産学が発達すれば発達するほど、加速度的にだめになってしまうでしょう。命をながらえるのもながらえないのも、安楽死とかありますが、こんなものはすべて自然を基準にしたらいいと思うんです。反自然の生き方も間違いですし、反自然の殺し方も間違いです。

先日もアフリカの砂漠に種を蒔く運動の手伝いに行きたいという青年が来たので、君は自分で生きられるかとやらせてみたら、やはり生きられないんですね。一週間とちょっとしか続かない。生きるとはどういうことかということを日本人はもう忘れているんではないでしょうか。

金をもうけたらいくらでも簡単に生きられると思うから生きられると言うけれど、ここで生きてごらんなさいと言うと生きられない。実をいうと、ここで食べられないものは一つもないんです。ダイコンは生えているし、ウマゴヤシなんていうのも塩もみで食べられます。この下にはダイコンがいっぱい生えていますし、イチゴはイチゴでクサイチゴが食べられるし、ヨモギはヨモギで食べられる。

食べるものがいっぱいあっても、いまの都会の青年から見ると、ここには食べるものが一つもない。だから、この山小屋にポッと一週間放り込んでおくと飢えたような感じになるんです。生きているとはどういうことか。スーパーマーケットに行ったら生きられる、ここでは生きられないという感じになっているんでしょうね。

金光　ここには、インスタントのものは何にもありませんから。

福岡　価値観の転換と言われたけれど、価値観の転換をどこから始めるか。どこからスタートするか。話はグルグル回ってしまいますが。

金光　もう一つ別の意味では、どこをスタートにしても転換の方向というか、一つ気がつくとほかのところにも気がついて、方向が変わってくる、そこが新しいスタートになり得るのではないかという気もします。こういう自然農園で何十年もやってきてくださり、その実際の生活をせっかく紹介していただいたのですから、今後そういう方向でいろいろ考えさせていただきたいと思います。どうもありがとうございました。

（一九八五年放送）

第三章

自然は神である

フィリピンと自然農園

金光（ナレーション）　ここ福岡正信さんの自然農園はもとはサツマイモ畑、戦後はミカン山だったところですが、私は十年ほど前から訪れるようになって、来る年ごとに、そして訪れる季節が違うたびに、同じ場所の風景がすっかり変わっているのに驚かされています。元はミカンが枯れ、死にかけていた土地だったのですが、耕さず、無肥料、無農薬で、除草もしない自然農法によって、いまでは緑の土地に変わり、以前、私がテレビの番組で話をうかがった場所もいまは野菜や果樹が入り交じって、足を踏み入れることができないほど繁っております。

福岡さんの自然農法は、日本よりも外国で次第に高い評価を得るようになりました。昨年（一九八八年）はインドのタゴール国際大学で最高名誉賞を受け、日本で二人目の受賞者となられました。その受賞の前、約二カ月間はガンジーやタゴールの教えを受け継ぐグループの依頼で、インドやネパールの緑の現状視察と自然農法の講演旅行をされております。

昨年八月にはアジアのノーベル賞と言われるフィリピンのマグサイサイ賞を受賞されました。そのときマグサイサイ財団理事の女性の方が、十年前から準備し、実際には四年間でつくった自然農園の見事さに福岡さんは強い印象を受けて帰られました。まず、そのフィリピンの自然農園のことから話していただきます。

福岡　彼女は十年前に自分の『ワンストロー・レボリューション（わら一本の革命）』を見て、三年前から農園を始めて四年目に入っているところでしたが、行ってみるとバナナが屋根の上より高くなって、実はぶら下がってなっているし、グアバがある、パパイヤがある、ドリアンがある。下にはコーヒーが生えている。そこにランか何かいっぱい巻きついて生えている。自分は十年、二十年かかってここまできましたが、これよりずっと緑豊かなパラダイスができていたんです。なぜこんなに早くパラダイスができたのか初めはわかりませんでした。

　フィリピンは珊瑚礁の島だから土地が悪いんです。雨は降るし、日光が強いから、土地は土壌浸食で土が流されて、どこへ行ってもハゲ山、サバンナです。フィリピンの歴史は、スペインに四百年占領され、アメリカに五十年占領されて、日本に三年占領されていますから、その歴史から見ても、この土地の木のないような島を見て人はそれこそ地獄だと思っていた。それを福岡は来るなりパラダイスだと言った。彼らはびっくりしていました(笑)。

マグサイサイ財団の人が四カ年でパラダイスを復活しているのを見て福岡は、もともとフィリピンはパラダイスの国だったんだ、人間がそれを破壊しただけのことだ、マグサイサイの人はそれを実証しているといったというわけです。自分のビジョンは正しいという確信を五十年もちつづけて、自分は間違っていると思ったことは五十年に一回もないけれど、人に説得するだけの実績がなかった。それをこのマグサイサイの人が実績を挙げてくれたのですから、私は本当を言ったら涙が出るほどうれしかったんです。実際、目に見せてくれたのがフィリピンの人だったのです。

ぼくはマグサイサイのあの婦人のジャングルに行ったとき、四年でバナナ、グアバ、パパイア、ドリアン、こういうものがミックスして生えているし、二階の屋根よりも高く伸びている。下にはコーヒーがある、緑肥がある、ランの花が木に結びつけられて咲いているという状態でしょう。パラダイスです。そこへ行って、なんで四年間でこんなに太ったのかと初めびっくりしました。

いま言ったように、フィリピンそのものが珊瑚礁の島ですから、土は悪いんです。雨は降るけれど、肥料分をやるわけでなし、消毒するわけでなし、なんでこんなに太るのか。よく考えてみるとあれやこれやの三要素、窒素、燐酸、カリで太るなんてことが間違いなんです。そんなものは必要なかったんです。空気と水と酸素があればいい。炭酸水ではないけれど、炭素と水素と酸素があったら植物は太るんです。下から太るのでも上から太るのでもない。お日さんの恵みがあって土地があれば、水のなかでも太るんです。

ぼくはアフリカのニジェール河のイカダの上でコメと野菜を蒔いてみたことがあるんです。イカダのうえで太るかどうか。考えてみると、いまのハイポニカではないけれど、水耕培養みたいなものです。土地が砂漠でコメも作れないけれど、川には水が一年中流れている。この川のうえで野菜畑ができないか。幅二百メートル、三百メートルの大河でしょう。水は一年中流れているんだから、ここを畑にすれば早いんではないかと……。

それをやってみたら、大きな芝生の真ん中ごろのやつだけは太るんだけど、外のほうは魚が来て根を食ってしまうんです。だから、よっぽど大きなイカダでなければだめなんだなと思いました。草や木がないから、ひとかかえくらいのイカダだったからテストにもならなかったけれども、土地がなければ水で作る。水も土地もなければ空気で作ればいい。

インドのマニプールでは、浮島に人間が住んで芝草のうえでサトイモと稲を作って、小屋を作って生きているという、動く草の島のうえに住んでいる民族がいます。

ぼくはこれに感激したんだけど、考えてみればフィリピンでは珊瑚礁の島のうえで、肥料分もないところで、二十年でひとかかえもあるような大木が育っているんです。これは何で育つかというと、それに巻きついているシダやコケ、これが問題だと思いました。それらの根から肥料分が行くんではないか。途中のランとか。日本でいうと、ウメの木にフウランがあって生きているでしょう。宿り木になっている。

松山の石手川の堤防の榎にも宿り木がたくさんあって、あれが木を枯らすといってみんな切ってしまいましたが、ぼくはあれを切るのがいいのか切らないのがいいのかわからないなと思っています。宿り木が榎の木に玉みたいになってたくさんついている。見事なんです。あの風景をむしろ自分らはぼんやり見ていましたが、絶景だと思うんです。おもしろい。鳥が種を蒔いた木が榎の木に繋って葉っぱができて……。

金光　シダあたりから養分が木のほうへいっているわけですか。

福岡　いくと思うんです。普通は、幹に巻きついて根を下ろしているから幹を枯らすように思っているでしょう。榎でも、榎に葉っぱのある宿り木がついていると、宿り木は木を枯らすと解釈されていますから、みな一生懸命、市役所を使って切らせていますが、冬は榎に葉がないでしょう。

宿り木は養分も吸うけれど、宿り木の小さい葉っぱは、太陽を受けてデンプンをつくっていやしないか。デンプンは自分のためのデンプンだけど、残りは木のほうへ多少いくかもしれない。だから、共生しているということが当然考えられます。パートナーとして役に立っているのかもしれない。それを片一方で引き裂いては、嫁さんはいらない、男はいらないということと同じことになってしまうのではないか。

フィリピンの珊瑚礁の木が二十年でこんなに太っているのに、その隣にトウモロコシが蒔いてあったんですが、これが肥料をやっているのに太っていないんです。一メートルぐらいで、細々として、小さい実しかついていない。

隣に、同じ岩のうえに、土が全然ないところにこんな大木が、二十年でこれだけになっているんですよというわけです。そういうのはどうして太っているのか、どこから養分をとっているのか、どこから水を吸っているのかわからない状態です。

そういうものは結局、幹のうえに生えている地衣類とかコケとかシダとか、そういうものが共生してそうなっているのではないか。空気が乾燥しているところでも、ほんのわずかなコケでも水分を吸収して生きているでしょう。青くなっている。
そうだとしたら、植物自身には、大きな木には緑がなくてもコケの緑が役に立っているかもしれない。こんなことは連想だから、植物学者のところで言ったら笑われるかもしれませんが、とにかくなんで生きているのか。分析的にいえばいろいろな屁理屈は成り立つけれども、人間の科学者の理屈はみんな屁理屈にすぎないんです。

金光　説明をうかがっているだけでは、種を蒔いて自然のままに農薬とか肥料もやらないでそのままにして、なんでそんなにできるのかなと思う人が多いと思うんです。

福岡　この自然農園の土地は昔は、この近所の人がサツマイモだけを作っていたけれど、土は砂漠の土、赤土の粘土です。戦後一時、ミカンを作っていたけれど、みんなおもしろくないのでやめてしまいましたので、自分が少しずつ譲り受けて四ヘクタールに広がったわけです。
金がないために苗木を買って植えだしたのが五、六年前です。それまではクローバーを蒔いたり、野菜を蒔いたりしていましたが、下にダイコンを蒔いておいたら、これが毎年、種が落ちて生えるわけです。ダイコン、カラシナ、道端のクローバー、アルファルファ、オオバコ、タンポポ、こういうものが土地をつくってくれるんです。それを待っていたわけで、いまはもう放っておいても、肥料をやらなくても、農薬をやらなくても、食べられないミカンもなければ、食べられないダイコンも一本もありません。

四ヘクタール、ダイコン畑みたいになっているけれど、うちではこれは草なんです。ここにない野菜はないんです。ほとんどのものがあります。どれを見ても、たとえば隠れているけれど、これはニンジンです。ニンジンでもダイコンでも、肥料で太っている、雨で太っていると思っていたのが錯覚だということをフィリピンは教えてくれました。

金光　それはどういうことでしょうか。

福岡　人間の科学的な智恵でいうと、種が落ちて発芽するのは、水分があって温度があって時期がよかったら太るとなります。自分たちもこういうふうな言い方をしてきたり、本にも書いたりしてきましたが、そうではないんです。うちの山には全山、カラシナ、菜種の種が敷きつめたように落ちています。

人間が足跡をつけたとき、このときがダイコンの種が生えるチャンスです。人間が草を刈ったとき、その下に次のカブラやニンジンが生えてきていたりするんです。蒔くのは天地自然、鳥が蒔いています。育てるのも水分とか何とか考えることはなかったんです。それがフィリピンに行ってわかりました。

土地が悪かったら、土がなくても木には木が巻きついて、カズラが巻きついて、空気中の窒素や燐酸をこしらえて作物を作るんです。これは科学的な説明になるからやりたくないんだけれども、スギの木や何かも、去年もあのあたりに生えていたハヤトウリが、冬越しさえ助けてやると二年目には一本に千三百個なったんです。

モリシマの木に上って成長している。それにまたキウイが巻きついている、クズバが巻きついている。あちらではクルミとクズバとキウイフルーツとフジの花がミックスして巻きついている。だれが助けているのか、だれが育てているのか。微生物とか外生菌とか内生菌、ヤドリギとか、もう一つそのなかの微生物、バクテリアとかカビといったものが一緒になって育てているんです。

だから種を蒔いて人間が育てるという考え方が間違いだし、さらに樹木と果樹と野菜を区別して蒔くのが農学の初めですが、それが大変なミステイク（誤解）です。そんなことをしながら自然を回復するなんていってますます破壊していますし、耕していろいろな種を蒔くなんてことが間違いなんです。

三年前にうちの山を国土調査に来た人は、福岡さん、ここは山林なのか、果樹園にしたらいいのか、野菜畑ですか、雑地ですかというんだけど、名目はつけられませんと（笑）。

それが自然の姿です。法律が、ここは宅地で、道路で、ここは畑、山林だとつけるのが間違いですし、農学の間違いもここから来ています。

自然を元に戻す、たとえばインドのガンガー高原を全部緑にしようと思ったら、上から飛行機で種を蒔いて緑にしなければいけません。そのためにはどうしたらいいかというと、あれを蒔く、これを蒔くではないんです。蒔く区別をするのをやめなければいけません。アカシアが八年、九年であれだけの大きさになるのは、下の根粒菌、バクテリアが助けているからです。その隣のサクランボ、ヤマモモ、フジの花は全部共生で太っています。どれがいい悪いではない、区別してはいけないんです。

普通は果物の木のうえにアカシアがあったり、シイの木、クスの木があったりすると、福岡さん、陰になるからおいしくないダイダイができるだろう、どうして切らないんですかと言います。木を切ったら糖分の甘いダイダイはできます。一度か二度甘いのはできるけれど、病気が来ます。虫が来ます。

クスの木があるために下のダイダイはきれいなんです。木陰のないところのダイダイは汚い。あのウメの木はどうして三年であれだけの大きさになって実がなるのか。隣にヤマモモがあるからです。これは私の理屈です。科学的に説明すればそうだけれど、そんなことを考えてガンガー高原を緑にすることはできません。

それを捨てて、人間が樹木だの野菜だの果物だの穀類だのと区別することをやめて、ソマリアの子供が砂漠に全部の種を混ぜて蒔いたら、二日か三日で芽が、共生した緑が砂漠のなかに生えてくるんです。

金光　フィリピンのパラダイスもいろいろなものを、いっせいにお蒔きになったのですか。

福岡　ただ蒔いたのでは鳥が拾ってしまいますから、粘土団子にして蒔くんです。フィリピンやインドは白アリがひどいんです。藁でも何でもふりまいておいたら一晩で全部食ってしまうぐらいひどいことがあります。アリが食ってしまう。向こうの谷など一晩か二晩でアリが何十万という種をどこぞへ運んでしまうんです。下に落ちたやつを拾おうと思ったら、二、三日したら何にもありはしません。

そういうふうに鳥が食う、スズメが拾う、ネズミが運んでしまう、アリが運んでしまう。そこには無限大の生物が住んでいて、このコントロールとか指図はできないわけです。人間の小さな分析的な智恵ぐらいでは、この一平方メートルのところでさえ手も足も出せない。

五十年で五冊の本を書きましたが、いまになって恥ずかしいです。しまいには何にも書けなくなってしまいました。土壌なんていいますが、人間が肥料や農薬をやらなくても、農薬も生産していれば、肥料もつくっているわけです。

世界に緑を

金光（ナレーション）　福岡さんの自然農法はこの山地の元果樹園だけではありません。集落に近いところにある田でも、耕さず、無肥料、無農薬、除草もしないでコメと麦の栽培を実施しておられます。この農法に共鳴して自分の農場に自然農法を取り入れるアメリカの農場主も増えてきているということです。

　福岡さんは十年ほど前からアメリカに招かれたり、アフリカに行かれたり、アジアの各地からも招待を受けることが多くなりました。人間の手によって緑が滅び、土が死にかけた土地を人間が手助けして本来もっている力を生き返らせる自然農法によって、砂漠化が進んでいる地球をもう一度緑化することができるのではないかと注目されてきたためと思われます。

　福岡さんが出かけたカリフォルニアやアフリカのソマリアでは荒れ地に野菜が育つこと

愛媛県伊予市の自然農園にて

自然農園の四季

春：モモ、ダイコン、菜の花が咲く

夏：樹々の葉が生い茂る

秋：たわわに実る柿の実

冬：雪の日

収穫の秋

見事なハッピーヒル種の稲

不耕起・無肥・無農薬でもこんな大きな大根カブができる

自然農園の八角堂でフリッチョフ・カプラと

アフリカの子供たちと一緒に粘土団子を作る（ソマリア、1985）

荒涼たる砂漠地に粘土団子を蒔く（ソマリア、1985）

粘土団子から芽が出た、伸びた喜び（ソマリア、1985）

自然農法で家の周囲に樹木やトウモロコシが育つ（タンザニア、1996）

オーストリアでも自然農法が普及しはじめた

ベトナムの自然農園にて（1996）

が実証されました。福岡さんが最初はまったく予想もしていなかった地球の緑化に自然農法が役立つのではないかと思うようになったのは、いまから十年前のことです。

福岡　十年前にアメリカに行ったとき、妙な縁で国連の砂漠化対策局長に呼ばれて、おまえの本を見ているとこれは砂漠化を防止する案ではないか、イラン、イラクの砂漠を緑にする案を考えろと言われて、それがきっかけでヨーロッパへ行ったり、アフリカへ行ったりするようになりました。人から言われて気がついてみると、何のことはない、自分の五十年は砂漠の土を復活するというか、死んでいる、眠っている土地を生き返らせて緑にすることをやってきたわけです。

　緑に返すにはどうするか、どこからやるか、だれがやるか、どういう規模でやるか。ひと口でいいますと、このモリシマアカシヤ一本の木がポンプです。十メートル下から水を吸い上げて、それでスプリンクラーの役目をしている。散水機です。このアカシアが霧吹きのようになって水をふりまいてくれる。雲を呼んでくれる。陰になって温度を冷やす。

　調べてもらったら、一本の木の下はクーラーのある部屋のようなもので、二十度、三十度です。ところがこの木陰の外は、激しい場合には四十度、五十度、特にひどいときには七十度にもなっています。一本の木があるために温度は冷える、土地を冷やしてくれる。

大変な役目をしているわけです。

ソマリアでも経験したのですが、砂漠のなかでも二メートル、四メートル下には水分があるということです。どの植物が最初に下の水を吸い上げて木を育ててくれるかです。陰ができたら温度が下がるし、輻射熱を防いでほかの作物もできます。できないと思ったダイコンの花が咲いて、キュウリや、ナスビや、トマトや、ハヤトウリが育ってくれる。

全部一緒に蒔かなかったらだめなんです。ハヤトウリだけもっていってもだめ。稲や麦だけもっていってもだめ。クローバーやアカシアだけもっていってもだめ。しかも広い範囲が必要です。少なくとも数百ヘクタール、できたら一万ヘクタールぐらいでやってもらうと、そこが森になる。森になると緑になるから雲を呼んで雨が降りだす。

インドのどこを回っても、ここは雨が降らないからこうなったんだと言っているけれど、雨を降らせなくしたのはあなたたちなんです。政治家の人たちが居眠りしているから土も眠ってしまっていると言ったんです（笑）。

肥料分がないのではない、水に溶けない格好に変わっただけなんです。一本の木が何かということがわかって一本の木を植えることになれば、ヤギやウシの餌の問題も解決してくるし、雨も降りだす。万緑――緑になってインドの人の食糧は自給できるはずなんです。

インドへ行ってウシの講義をしたら殺されるよと言われたけれど（笑）、私はあえてウシの飼い方から言いました。お釈迦さんはウシを大事にせよと言ったかもしれない、殺すなと言ったかもしれないけれど、それだけを生かせとは言ってないはずだ。トラを殺して、ゾウを大事にしろ、トラを殺して、首をはねて、ウシだけ飼えと言ったはずはない。お釈迦さんの目には生も死も一如、殺生するな、生かさず殺さずではないか。放っておけというのがお釈迦さんの気持ちではないか。

　人間の智恵の無用論がお釈迦さんの智慧だとぼくは思います。あえてウシを大事にするというのは欲で飼ったんだろうと思います。ウシだけ大事にしてウシのパラダイスにしようとしたから、ウシはいま地獄になっています。緑がなくてみんなやせてしまっています。緑がなくなったからウシの糞だけを燃やしています。インドへ行くとどこへ行っても、朝、霞がかかっているのかと思ったら、カルカッタでもボンベイでも小さな町でもウシの糞の煙です。薪さえなくなっている。

　あなたたちはこのアカシアを一年に一粒でいい、一年に一人が一粒ずつ蒔くことさえできたら、五年間で、五年したら燃料は解決するんです。餌も解決するんです。九年、十年でこのように豊かになるんです。十人家族が一年に焚く燃料を一本の木で賄うことができるんです。

　十カ年一つずつ植えていくと十カ年目からは石炭燃料も何にもいりゃしません。ヤギの乳も出るようになるし、ウシの乳も出る。飼料にもなる。インドにはそういう木がいくらもあります。燃料にしてもよし、飼料にしてもよし、肥料木にもなる、蜜のもとにもなる。この下でハチを飼えば甘いものもできる。一本の木のことがわかればみんな解決するんです。

　特にインドに期待するのは、インドの思想哲学は二十一世紀の思想哲学を温存している国だと思うからです。一番遅れているように見えるけれども、二十一世紀はインドの人が目を覚まして欲しい、ガンジー派の人が目を覚まして欲しい。ガンジーの無抵抗の抵抗運動というけれど、あなたたちはイギリスから独立した以外、ガンジーさんの思想哲学を実現していないではないか。眠っているのではないか。

　ウシの飼い方、種を蒔くこと、緑にすること、この近代文明に対して徹底的な無抵抗の抵抗をするのがあなたたちではないか。ガンジーさんがこの会場の四千人の前に立ったとしたら泣くだろうとぼくは言ったんです。

金光　その無抵抗の抵抗というところからいいますと、実践の方法としては近代文明が破壊している方向とは違う、むしろ二十一世紀は本当の自然を生かす創生の時代に進むということですね。

福岡　いまは天地創造のときの天地が人類によって破壊されてしまっています。自然がまったく殺されてしまっていますから、これを復活するのは二十一世紀の人類が第二の創生期だという考えをもってやり直しをしなければいけません。

現在、国は国の境で植物税関をやっています。ぼくは横浜税関にいましたから検疫が大事なことも知っていますが、この一、二年、植物税関法も撤廃しなければいけない時期が来ていると思いはじめています。どこの種が悪いとかいいとかいうけれど、いい種、悪い種なんて一つもありはしません。全部、何でもいいからとにかくもっていってインドに蒔きなさい、アフリカへ行って蒔きなさい。そうしなければとても間に合いません。国境を越えて行きなさい。

今度、インドに種を蒔きに行って非常に苦労しました。検疫法があるために出られないし、向こうへ行っても受け取れない。廃棄されてみたり、税金が高かったりで、緑にするためには税金も全部撤廃してくれ、無税にしてくれと日本の政府に言いたいですね。

日本の政府も日本の一つの町の町おこしの金があるんだったら、一つの州、一つの国を助けてやりなさい。日本の一つの町にふりまく金で、アフリカだったら一国を助けられるんです。

自然が神

金光（ナレーション）　いまから五十年前の五月十五日、福岡さんは自然の真相に目を開かれる出来事に出会い、そのときが自然農法の方向へ歩みはじめる出発点になりました。福岡さんの自然農法は単に一つの技法ということではなくて、根本に現代のわれわれには理解しにくくなってしまった自然観や人間観が横たわっています。自然や人間をバラバラに分解して観察する近代文明の分析的見方ではなくて、すべてを一体のものと見る総合的、直観的な見方で、むしろ東洋の伝統的な深い知恵につながる見方が根本にあります。

福岡　生命の行進についてのお話をしますと、アメリカで、カリフォルニアからワシントンまで生命の行進というのをやったんです。これを真似して日本の青年が、北海道から東京、京都を回って四国へ来て、四国から九州、沖縄まで行く旅行をやったんですが、そのメンバーが、正月に、たまたま大雪の日の夜中にうちへ来たんです。

夜中になったというのは、生命の行進でみんな歩いてきたのはいいけれど、荷物のリュックサック全部を、二、三十人分の荷物を一台のトラックに乗せて来たら、雪の日で道がわからなくて、そのトラックがひっくり返ってしまったんです。それで夜中、うちの息子たちや村の青年が出て、トラックを起こして、さんざんな目にあって山に上がってきて、ガタガタ震えているという状態です。

ぼくは囲炉裏で火を焚いて、まあ、あたりなさいとあたらせていたとき、ひょっと見たら前にインディアンの二十歳ほどの娘がいるんです。あなたはなんでここに来たのかと聞いたら、その娘はちょっと考えて、私は私を探しに来たんですと言う。あなたはそこにいるじゃないか、なんで探し回るんだと言ったら、その娘がまたしばらく考えて、あっ、という顔をして、「グレート・スピリット」と大声で言ったんです。

インディアンのグレート・スピリットという言葉を聞いたのは初めてでした。私を探しているなどとキザなことを言うな、おまえはここにいるじゃないとか言ったら、「グレート・スピリット」というわけです。

そして翌日、私はこれからカリフォルニアに帰りますと言う。ほかの連中はこれから九州や沖縄に行きますから、彼らに別れを告げて私はもう帰りますと、雪のなかで一人ひとりに抱きついて別れを惜しんで帰っていきました。

自分は女の人に抱かれたのは初めてでしたが、抱きながら、涙をポロポロ落とすんです。雪のうえに涙が落ちると、彼女の大粒の涙で雪にポロポロと穴があくんです。ぼくは初めて、紅涙をしぼるというときの、これが紅い涙だと思いました。

パラパラ涙を落として紅涙をしぼっているんだけれど、それが悲しい顔ではなくて喜んで笑っているんです。顔は笑っているのに涙があふれている。紅涙をまき散らして、みんなにも「サンキュー・ベリーマッチ、バイバイ」と言って帰っていきました。あの娘がいまどうしているか知らないけれども……。

金光　わかったんですね。

福岡　そのとき、あるとかないとかいうことに、どうして自分が悶々としているんだろうと彼女は気がついたと思うんです。人間はなぜ神があるとかないとか、ごちゃごちゃ言っているんだろう。これがダイコンだの、ダイコンでないとか、そんな議論を百万遍しても何の役にも立ちません。それを彼女は「グレート・スピリット」と言ったわけです。神を理解しているというか、神を体得している言葉かもしれません。キリスト教の神がどうだ、仏教の仏がどうだと解説をしてくれる人は多いんですが、神、仏を知っているわけではないんですね。

金光さんは、自然が神だと言ったらどのように解釈しますか。簡単にいうと自然が神だというような言葉が、自分が考えていることに近いことは近いんですけれど、自然というのは科学的な認識の自然でしょう。これがダイコンの花であるというのが先に始まるから、これは神だといっても何の説明にもならないわけです。宿るといっても何が宿っているんだということで、何の返事もできない。

真・善・美についてダイコンの花が何か言っているとしたらどうでしょう。音楽家は、あの鳥が何か歌っているのを聞いて、神の声がささやいているというのか。芸術家は、この花が神の美を示しているんだ、ここからすべてが来ているんだというのか。耳から入る声、目に見える姿、胸にこたえるような風の音とか、すべてのものが何か神を伝えようとしているんだという言い方ができるとしても、やはりどう説明してみても同じことで意味はないんです。無意味です。

金光　その花ならその花を自分が見て、そこにあるその花が仮に神であるというふうな理解の仕方、自分がいて、そこに神がいてというような理解の仕方ですと全然見当違いだと思います。福岡さんの場合はそういう次元でないところで、言葉にせざるを得ないからそういうことをおっしゃっているんではないかと思います。

福岡　神があるとかないとか、そういう言葉すら言えないんです。ある存在でもなしに、ないという存在でもなしに、形がないのかと言えば形もある。姿もある、風の声のような声もある。金光さんは、私が自然農法の畑にいて、五十年間、何か学んだり見聞したんではないかと言うけれど、全然そうではないんです。

五十年前に自分は何をやっていたかというと、実は顕微鏡の下でアメリカのレモンやグレープフルーツの菌と日本のミカンの菌とが同じかどうかを調べるために、分離したり、培養したり、それを掛け合わせたりしていたんです。そうすると、簡単にいって八つの子供ができるんです。また八つの子供を掛け合わせると新種の培養菌がいっぱいできる。有頂天になってやっていました。

ところが、人間の識るということは、本来の知るとはまったく離れた方向に行っているんだということに気がついて愕然としました。神がつくったダイコンの花を分析、分解し、ハイテクを使ってやればやるほど神がつくったものから遠ざかる。自然のつくったものから遠ざかる。

識るとは遠ざかったものを分解、分析し、こしらえて、それを自分の頭で組み立てて、ダイコンの花はこうだああだ、真と善と美はこうだといったことをでっちあげている。虚像です。本物とは違う、自然とは違うイミテーションの自然を分解、分析し、それを自分で組み立てて実証できた、識った、新しい品種ができた。これで間違いなく人間は創造したと思っている。

ところが、人間は見たのでもなければ、聞いたのでもない。創造もできない。このごろは生産でも創造ということを言いますが、人間はなに一つ創造できないことを知らないだけです。

これは天地創造の創造とはまったく無関係で、人間の頭でつくったり、自然のつくったものを改良したり変化させているだけなんです。ウランでも原子力でも何でもつくったように思っているけれど、水素爆弾をつくったからといって水素爆弾を創造したんではないんです。

自然のなかに、この一グラムの土のなかに、一つの葉のなかに無限の智慧が入っています。天地創造のときからこのなかにあるんです。一片の花、一つの細胞は玉手箱、宝石箱です。そのなかをのぞいて人間は大変な発見をしたようなことを言い、それを改良したり、人間の都合のいいように変えて、これは役立つとか何とか言っています。

人間は智恵を使いだしたときから、お釈迦さんが行こうとした方向、天地創造主が来いといった方向ではなくてそこから離れていく方向、自然をぶち壊し、解剖して分析する、離れていく方向に分散、拡大して広がっていってしまったんです。

元に戻る、原始に還るというのは、原始に還るのではなくて原点に還るんです。心とか神とかの原点、その原点に還ったら、その向こうにまた無限大の広がりのある世界があるわけです。いままでは反対の外側の方向を向いて、分散して消えてしまう滅亡の方向がいまの人間のたどっている道です。

金光　人間が便利なように、使えるものが豊かになるように文明は進んでいますが、だんだん拡散していって、しかも大量にものを消費したり、自然を破壊したりという方向へいくら行っても本当の幸せは……。

福岡　仏教的に言えば分別智が拡大するにしたがって文明、文化は発達するけれど、時間と空間を切り刻んで、昔だったら一刻、二刻なんて言っていたのが一時間、二時間になって、いまは分、秒の時間になって、そしてスピードアップ、スピードアップとハイスピードで走る。走り回ってスピードを上げれば上げるほど、経済の活性化なんていって広がれば広がるほど、時間と空間が人間になくなっていきます。

人間はものをつくればものを獲得でき、小さいものが大きくなると思うけれど、そうではなくて、天地自然の目から見ると、大きいものをつくればつくるほど分散して小さくなっていくんです。むしろ大より小がいいという方向へ行くほうが、縮小、収斂する方向のほうがいいわけです。

二十世紀末までは分散、拡大の、いわゆるヘーゲルの弁証法的発達の時代だけれど、今度はそうではなくて大よりは小がいい、小よりは無がいい、無よりももっと有無を超えた絶対無の世界の広がり、そちらに反転しなかったら人間は雲散霧消、霧のようになって消えてしまうし、文明も文化もナンセンスで終わってしまうでしょう。真実は弁証法的下降論だった。

金光　その方向に気がついて欲しいというところで、自然は神であるという言葉をおっしゃっていらっしゃるわけですね。

福岡　そうです。自然に神は宿るなんていったら概念の世界にしかすぎません。あの世は死の世界だ、この世は生の世界だというのは、同じ葉の裏表を、こちらは生である、こちらは死であると言っているだけです。それを摘んで捨ててしまったら、ないと言えばないし、しかし、ないと言っても、ないものがここにあったではないかとなるわけです。

あなたが見ている神、仏はここにいませんよ。このダイコンの花は植物学的に花でもあるけれど、あなたが変身しなかったら神、仏に変身しませんよ。このなかに価値あるもの、真も善も美もないけれど、もしもあなたが神になったらこれは神に変身します。

人間は神を殺すこともできれば、育むこともできるんです。いままでは神を殺して、自然を殺して、人間は痛めつけてきたけれど、今度は育てることもできるんです。やり直して神をつくってください。二十一世紀の神をあなたたちは育てる気があるのかどうか、そこまで行かなければいけないと思います。

神風が吹いてくれる、助けてくれと祈ったら神が何とかしてくれるなんていうのは甘すぎるんです。ぼくは五十年間、祈ったことはありません。手を合わせたことがないんです。祈る資格がない、手を合わせる資格がないと思うから、ぼくは祈りもやめました。ぼくは神に背いてみんなと一緒にどんどんぶち壊してきた男にしかすぎません。懺悔したっていまさら間に合わないと思うし、知っていて悪いことをしているんだから、皆さんよりもなお悪いと思っています。愚かなといえばこれほど愚かな男はいません。

金光　自分は愚かだとよくおっしゃいますが。

福岡　文字どおり愚かなんです。

金光　決してそれが愚かとは思えないんです。そういうことに気がつくことがものすごく大事なことである以上、そのことに気がつけば、変な言い方をしますと、知らないことを知っているというのは大変なことだと思うんです。

福岡　お釈迦さんにしろ、ソクラテスにしろ、「汝自身を知れ」といっていますが、あれは「あなたはあなたを知っているんではないですよ」と言っているんでしょう。お釈迦さんの『般若心経』を見たら、増えるんでもない、育てるんでもない。成長しているのが間違いだ。減っているのでもない。枯れたのでもない。死んだのでもない。生きているのでもない。『般若心経』はこういうことの繰り返しでしょう。

色《しき》があるのでもない。精神があるのでもない。物質があるのでもない。ないのでもない、と言ってしまっています。そこまでとにかく反省しなければいけないんですが、はたしてそこまで人間が還れるか。

自然に還るとか自然を守るなんてことは、とんでもない傲慢なことを言っているんだということに気がつかなければ、人間はひっくり返すことも、自然を守ることも、とてもできません。

うちへ来る人たちのなかに、自然を守るんだ、あなたと同じような思想をもっているから、自然農法をやりたいから来たんだと言う人がいます。そこで、同じ思想をもっているんだったら、同じようなことに気がついているんだったら、あなた、うちへ来ることはないではないかと言うんです。

福岡さん、よく言ってくれたなんておだてるようなことを言いますが、そういう話を聞きますとむかっ腹が立つんです。追い帰すんです。自分の味方のように、自然を守る有機農法だ、自然農法だと言っている人がどれだけ私を苦しめているか、あなたは知っているんですかと言うんです。知らないで、反対にぶち壊している人のほうがまだましです。

百姓は無知で農薬を使う、耕すことをする、トラクターを使う。それに価値があるように使うけれど、福岡さんの本を読んでみると、トラクターに価値があるのではなかった。トラクターを使っている人、あれは罰当たりだと言う人がこのごろいますが、何を言っているんだ。あなたは百姓の苦しみも知らずに、経験もなしに攻撃する資格なんてありはしない。百姓は昔の原始農業がつらくて、人に言えない苦労をしてきていまの近代農法をやっているんだ。近代農法が悪いことは百も承知なんです。しかし、還れない。あなたたちが還さないんだ。還らせない人たちが原爆を守る、自然を守るといって、百姓をバカにして、百姓はいらないようなことをこのごろの政治家もさかんに言うけれど、何を言っているんですか。

昔の百姓は神に仕える仕事と言って労働とは言わなかったんです。仕事と言ったんです。事に仕える。神に仕えることだったんです。食べたものができたらすぐ神さまに供えて、残りをもらう。自分は鳥や獣が食べた残りをもらうというのがこの山の姿なんです。おこぼれをもらって生きているだけです。

だけど、そうかといって神に近いとも神に奉仕ができたとも全然思っていません。こんなことは神さまの目から見たら遊び事にすぎません。福岡の道楽にしかすぎない。笑われて当然だと思います。皆さんの近所の百姓のほうがよほど偉いんです。

都会の人から見ると無知に見え、生産性が低いとか高いとか言っているけれど、生産性とは何か。自然農法は昔の農業だなんていう考え方は都会の人が言っているだけです。近所の人は、福岡さんがやっているのはひょっとしたら二十一世紀の農法になるかもしれないということは百も承知です。承知だけど、福岡さんの真似をしていたら、子供を大学にもやれない、教育だってできやしない。だから、おれたちは相変わらず金もうけの農業をやっているだけだというわけです。

金に一番頭を下げているのは百姓のように見えるけれど、金銭無用の経済学を知っているのは百姓です。苦労しているお百姓が知っているんです。いまの大学の先生はものに価値があるというところから出てきて、ものに価値があると思っているから、それを買う金をつくれば世の中は豊かになると思っています。ものから喜びや豊かさが出てくるんではないということを知りません。

オーストリアのテレビ会社のカメラマンが、この小屋の向こうに時計を捨てていきました。ダイコンは仏ですよと言いましたら、仏であるかどうかどうしたらわかるのかと言うから、あなたの時計を捨てたらいいんだとお話したんです。時計を捨てることができたら、この花が、ダイコンが神になります。禅でいう無心です。

あなたが無心になれば花が神になるんです。そのきっかけはマイクやカメラを捨てることです。その度胸ができるか、腹ができるか。知ることは、頭で聞いて知るのではない。耳で聞いて知るのではない。福岡の顔や姿を見てわかるのでもない。こんなおいぼれ親父からは何にも出てきません。この花のほうがよほどものを言っているけれど、あなたはこの声を聞き、姿を見ることはできないでしょう。

本当のダイコンとは何か。ダイコンはどこから来てどこへ行くのか。ダイコンは何で育っているのか。何で生まれているのか。何で死んでいくのか。生死一如を知っているのはダイコンだけです。それをウソと思うのだったら、あなた、その時計とカメラとマイクを捨てなさい。本当にダイコン畑のなかで一年でも二年でもイワンのバカみたいに寝ころんでいたら教えてくれるでしょう。教えられなくてもしぜんにわかるでしょう。

と言ったら、彼は腕時計をはずし、ポイッとあのミカンの木の下に捨てて行きました。

フィリピンにはおもしろい民話があります。ホアンタマという民話です。ホアンタマというのは口を開けて上を見て寝ているだけの若者です。怠け者の代表です。ホアンタマといったらマグサイサイ財団の人が、福岡さん、それを言ったらフィリピンでは軽蔑の言葉になりますから絶対に言ってはいけませんと何遍も釘を刺されました。しかし、ぼくは、いや、そうではない、ホアンタマの民話を聞くと、ここがパラダイスであったことが証明されていると言ったんです。

いまマグサイサイの人がつくったパラダイスでは、口を開いて上を向いていたらドリアン、バナナ、パパイヤが落ちてくるんです。寝ていても生きられるパラダイスを破壊したのは人知です。それを捨ててしまえば、時間も空間もない。時計なんか捨ててしまってガンジス河の悠久の流れに還ったら、ヒマラヤの永遠の時間に還ったら、そのときに初めてホアンタマになれるんです。ホアンタマがインドの農業のアダムとイブの姿です。

ホアンタマをもういっぺん復活させて第二のフィリピンを創生すれば、フィリピンはまたパラダイスになるはずです。

金光（ナレーション）　私たち人間の目は顔の前方を見ることはできますが、背後を見ることはできません。福岡さんはいまから五十年前に人間が見ることのできない世界に気づかれ、私たちの背後にある世界がエデンの花園に通じていることを感じ、人間の智恵は無用であると叫んで五十年、そのあかしとして自然農法を実践してこられました。福岡さんの自然農法の道は、人間の自我が拡大、拡散する近代文明の方向とは逆の、人間の自我が縮小、収斂する東洋的知恵の方向に通じているといえましょうか。

（一九八九年放送）

第四章

自然と人と神と

インドでの種蒔き

金光　インドにはいつごろからいつごろまでおいでになったんですか。

福岡　十二月、一月に五十日あまり行ってきました。今度は、日本の全国から主婦の人や子供たちが送ってくれた種を集めて、四、五十箱くらいになりますが、そんなものをもっていって蒔くつもりだったんです。ところが、なかなか実際に蒔くようなところまではいかなくて、ただ、向こうの政府の人と会っていろいろな計画や将来のことを相談するチャンスは多くありました。

今回はインドの環境大臣に呼ばれて行ったような格好ですが、環境大臣と話しているうちに、明日、首相に会わないかという話になりました。中国の首相が来ていて忙しいときなので、とてもそんな時間はなかろうと言っていましたが、十五分間でも会おうとなったんです。でも、十五分だったらそう話すこともないと思って、ちょうど小さな壺に、前にナイルで蒔いたエジプトクローバーの種を手に入れていまして、それが壺のなかからモヤシみたいに芽を出していたんです。

それと、インドのアッサムの稲と日本のコメとを掛け合わせて作った新しい品種の稲との二つを首相に見せまして、首相、インド全体に熱帯で生えるクローバーとこの稲とを広めてくれたら、インドの農業革命と砂漠緑化は同時にできるんだという大きな話をしたんです。そうしたら、首相は農学出身の人だそうで、エジプトクローバーの種や稲を見て非常に興味をもちまして、結局、前後一時間ぐらいみっちりと砂漠緑化の話が進んで喜んでくれました。

　そのあと首相が別れるとき、明日、農林大臣に会ってくれないかというんです。農林大臣に会うという約束ができて行ったら、農林大臣は午前中、各州の土壌肥料やいろいろなエキスパートの先生たちとディスカッションしてくれとなりまして、午前中その人たちといろいろ話し合いをしまして、昼から農林大臣に会いました。三人の大臣と三日かけて話ができました。

　そのあとデカン高原の砂漠の、種を蒔くようなところに行ってきましたが、今度インドへ行って一番の収穫は、三人の大臣に会って農業革命のやり方と砂漠緑化のやり方を具体的に話して、それを理解してもらえたということです。

　べつにその証拠はないんですが、その前後にインドの国営テレビや新聞あたりにどんどん自分との対話が出たり、自分が帰ったのちに首相や農林大臣が、東北から西南のインドの砂漠地帯をぜひ緑化しようという大きな記事を首相の声明として出したりしていまして、本気になってくれたんだな、ということを強く感じました。結局今度の結論としては、インドへ行ってテーブルの大輪の花が咲いたような感じがしました。実際に種を蒔くことではなかなか進まなくて失敗だと言っていいけれど、テーブルの花が咲いただけでも満足しなければいけないと思っています。

金光　前に行かれたとき、インドの場合は飛行機で蒔くというよりも、人間の労働力を使ってといったことを考えているとおっしゃっていました。人間の労働力を使うとなると、また人間を動かすいろいろ面倒な事情があるんではないでしょうか。

福岡　結論は結局、タゴール派やガンジー派の人が人海戦術で、民間の事業として砂漠の緑化をやってもらいたいということです。政府は現在、飛行機もあるんだし、ここ数年、飛行機で種も蒔いています。今度もデリーの南のほうに一時間ばかり飛んだところに新しい空港ができていまして、昔は軍用基地だったんですが、そこへ行って種を蒔いているところなども見てきたりしました。

金光　実際にもう蒔いているところをご覧になったんですか。

福岡　地方の役人に案内され、車八台を連ねて軍人に守られ見てきました。この前に行ったとき、空軍の将校と会って種を蒔くことを話したり、事実いろいろやってきたんです。今度も種を蒔いているところに行ってみましたら、蒔いているんだけれど数種類の樹木の種なんです。それが成功しているかどうかを見たんですが、そこでは言いにくかったんですけれど、成功しているというと今と同じようなやり方になるし、失敗していると言うと、せっかく向こうの皆さんがやっていることを傷つけることになります。しかし、はっきり自分の見た目で言えば、蒔かれている種の種類が少ないことと、もう一つ、裸で蒔いているのが多いので、あとで意見書を書き送りまして……。

金光　団子ではなくて。

福岡　粘土団子にして蒔いているのが少なくて、裸で蒔いているんですね、そのためにあまり成功しているとは言えません。ここまで努力していることには非常に驚いたんですが。

たとえば飛行機で種を蒔くといいましても、人海戦術で蒔くにしてもソイルエロージョン（土壌浸食）が激しく、十年、二十年前はゾウが住んでいた、三年前にはトラが出てきたようなところ、農民の部落もあって、そのころは平坦で畑のあったところが、十年、二十年の間にまったくの砂漠になって、しかも水で土壌が流亡してデコボコです。そのデコボコも二、三メートルから十メートル、四、五十メートルのデコボコになってしまっているんです。だから見渡すかぎり何万ヘクタールが全部デコボコのはげ山です。それに種を蒔くわけです。

　種を蒔いても、向こうの説明を聞くと、流されてしまったり、風に飛ばされたり、埋没して生えないそうです。飛行機から落ちた種がひっかかるようにしなければいけない。そのために鍬でもって溝が掘られているんですが、その溝が掘られたところを見ますと、これが大変です。耕して蒔くのと何にも違わないほどの労力がかかっているんです。

　そういうことでやっと生えているけれど、蒔いた種よりは自然の、バブールなんていうトゲのあるアカシア類が生えているのが実態でして、なかなか思うように生えてきません。ここの山のモリシマなどもそうですが、アカシア類は十年もたったら十メートル、二十メートルの大木になるでしょう。それが五年たっても腕首ほどの木も生えていないんです。ということは、成長の速い種を蒔いたはずなのにまだ緑ができない。ヤギやウシに食われてしまって一進一退の状況です。

　それでもよく聞いてみると、たとえば南のほうのバンガロールなどで、多種多様の種を粘土団子でやったところが、パイロット自身から聞いてみますと、そこではよく生えたというんです。そこへも行ってみたんですが、戒厳令下で治安が悪くて、飛行機から出られなくて見ることができませんでした。

とにかく手っとり早いのは飛行機で蒔くことです。向こうで木で植えるというとき、自分たちで穴を掘って苗木を植えるんだったら一日に一反しか植えられませんから、一ヘクタールを蒔くのに十人の労力がいります。ところが粘土団子で蒔くと十倍の速度で一日一人で一町歩を簡単に蒔ける。二町歩でも蒔けないことはない。

飛行機で蒔くとそのまた十倍の百町歩、百ヘクタールを蒔ける。労力からいっても、資材からいっても、金のほうからいっても、人海戦術で木を植えるより種を蒔くほうがいいでしょう。できたら飛行機を使う。そうすればはやい速度で広い面積が蒔けます。これが自分の言ってきたことです。それがどうやらこうやら、まあまあという成績を確認することができたんです。

もう一挙に、今年はできたら一万ヘクタールくらい蒔きたい。政府もそのような意見になっていますが、数カ所、少なくとも三、四カ所ぐらいは種を蒔きたいと考えています。ガンジス河口でのマングローブの種蒔きは見事に成功していました。

金光　団子をつくるとき、種もいろいろなものを一緒に、ものすごくたくさん混ぜて、たくさんやったほうがいいということですよね。

福岡　結論は、科学者からは嫌われるかもしれませんが、もう多ければ多いほどいいんです。ここの山は前は赤土のはげ山だったのが、金光さんもご存じのようにいまはジャングルみたいになっています。あと二、三年もすれば、ここは果物のジャングルになってしまうんではないでしょうか。特にこの四、五年は自分一人で、何にも仕事をしないものだから自然がつくったジャングルです。

この樹木と果樹と野菜と草がミックスして生えている状態が緑が一番復活しやすいんです。砂漠であろうが何であろうが、たとえばインドでも五百種類の果物、五百種類の実のなる木、それから野菜とか穀物といったものをあわせて作る。そうすると、とにかく二千、三千というなかからですから、代表的な樹木が三十種類、果物が三十種類というふうに最小限度二、三十種類でも集めたら百種類になるでしょう。

なぜこうすればいいのかというと、だいたい三種類、五種類の樹木を蒔いても、砂漠のなかの乾燥状態の、直射日光の当たるところでは生えないんです。でも、アカシアの種などは下に湿気があったらすぐ生えてきます。湿気とは何かというと緑の草の日陰があればよいのです。

たとえばソマリアに行ったときに気がついたんですが、下にツルムラサキとかツルナ、モンゴピーなんかが生えているところは、アカシアの種が落ちたらパーッと生えるんです。この山でもアカシアは一本の木から何百万と種が落ちますが、一本も生えません。ここで生やそうとすると熱湯処理などをして生やさなければいけませんが、朽木のうえでは生える。

アフリカに行ってみると、温度が高いためにわけなく生えます。わけなく生えるといっても、砂漠のなかでは一本も生えませんが。ただ、その下にダイコンがあったり、緑豆があったり、いま一番いいのはツルナやサツマイモです。これはツル性の野菜ですが、ツル性の野菜やサツマイモが下に生えているところだったら放っておいても何千、何百と密生して生えてきます。

結局、樹木の種を生やそうとすると下草がなければいけない。草を早く育てようとすると野菜のほうがよい。ですから、野菜の種蒔きがジャングルみたいにしてくれます。

進化論否定

金光　この自然農園あたりでも、雑草などを除いてミカンの木だけでやると養分が十分足りて大きなものができると思うような、人間の都合だけで考えて結局だめになったのと似たようなところが、砂漠にいろいろな木を植えるにしてもあるんですね。

福岡　同じことです。簡単にいうとサハラ砂漠ではマツだけ植えてもだめです。マツを植えようと思ったら、その菌根のマツタケ菌が発生していなければいけません。ところがマツタケ菌は三十度の温度では一時間で死んでしまいます。サハラ砂漠でいくらマツを植えても増えません。人海戦術で植えても緑にならないのはなぜかというと、微生物が死んでいるからです。

　マツの養分はマツタケ菌が取ってマツに供給しています。だからマツタケ菌なしでマツは繁殖しません。マツタケ菌を増やすには温度が高すぎる。温度を低くするには緑にして温度を冷やすしかないんです。半分にしなければいけない。緑になったら六十度の温度が三十度に下がりますが、それをするにはどうするか。野菜が早いわけです。だからサハラ砂漠を緑にしようと思ったら野菜を先に蒔けと言いたい。

ところが実際には野菜だけではいけなくて、いま言いましたように少なくとも百種類、三百種類のものを同時に蒔く。とにかくいらないものは一つもないんです。草でも何でもいいんです。この山のように何百種類の草、雑草から蒔けばいいんです。初め自分は緑肥ばかり植えていましたが、それよりあらゆる種類を同時に蒔いていくのが一番早いんです。競争して太ってくれます。

金光　共食いではなくて共生して。

福岡　共食いではありません。昔の百姓は、大きな木の下には小木が育つと言っていました。小さな木の下草があって大きな木が育っていく。ここの入り口でも、この前、金光さんがおいでになったときはあそこにモモはなかったでしょう。今ではモモがあんな大きな木になって、いまはちょうど取ってしまったあとですが、今年は黄色いモモがずいぶんなりました。あの作りにくいモモが今年はきれいになったんです。しかも太っています。モモのそばを見てご覧なさい。センダンの木がいっぱいあるでしょう。センダンの木の直径がもう五寸、六寸になっています。あれは鳥が蒔いた木です。モモの一年生の苗木を植えたのが四年前ですが、いまは数メートルの木になって、たわわにモモがなるようになりました。そのうえを覆っているのがセンダンの木です。センダンは、実ができだしてから鳥が喜んで食べて、それをまき散らすからあんなに生えているんです。センダンの下のモモの木だから、悪い土のなかでも四年であれだけ大きな木になりました。

金光　ずいぶん大きくなっていますね。

福岡　病虫害のつきやすいモモが、センダンの下だったから、何のことはない、病虫害が出るなんてことはなかったんです。袋かけもしていません。ビワもそうでした。このあたりはビワの日本の三大産地の一つだけど、消毒しない、袋かけもしない。モモも消毒もしないでできてくるなんて自分でも不可能だと思っていました。

　ところができるのはなぜか。これは想像ですけれど、あのセンダンの木やクスがあるからです。センダンの葉っぱは便所なんかに入れたりもしますが、虫よけになるんです。薬草です。雨が降って露が落ちると、そんなものが害虫の防除になっているのかもしれません。

金光　それを鳥が自然に蒔いてくれて。

福岡　そう、鳥が蒔いています。この山の土は砂漠の土と同じで黄色い粘土です。砂漠の土とそっくりです。そういう砂漠の土であって肥料分も供給しないのに、センダンなどは一年に二メートル以上も伸びます。どうしてそれだけ太るのかというと、その下にある下草の雑草とかクローバー、アルファルファが共同で土のなかの水溶性でない成分を水溶性に変えているからです。センダンの木やハゼの木はそのためにスクスクと育ちます。一番初めにできるのはそういう植物です。そういうものがあったら、それにつられて果物でもほかの作物でもすぐに太りだします。

　あそこには四、五年まえ、最初にイチョウの木を植えたんですが、なかなか太りませんでした。ところがセンダンの木が太って覆いかぶさってきたらイチョウの木も太りだしたんです。共存共栄という言葉が間違いのもとです。農学は共存共栄とか自然淘汰とか弱肉強食といった人間の相対的な判断からスタートしていますが、これが非常に大きな間違いを起こしていると思います。

金光　弱肉強食が間違いというのはわかりますが、いまのお話をうかがっていますと、センダンとモモ、センダンとイチョウは共存共栄ということになるのではないですか。

福岡　共存共栄と弱肉強食は裏表の関係なんです。生の裏が死である。死と生とは違うようなものに見えて実は同体なんです。

金光　そのとおりだと思います。

福岡　それと同じで、人間が自然をコントロールして共存共栄しようとか、ほかの動物と共存共栄しようとか、開発と自然を守る運動をバランスをとりながらやろうなんていう考え方が根本的な間違いです。

金光　それは人間の意思が入って、これとこれを共存共栄させようとか、そういうふうに考えるところが間違いだということですね。

福岡　そうです。人間の智恵による共存共栄は偽物の共存共栄であって、部分的、微視的な見方の、科学的な真理でしかなくて、大宇宙というか、神や仏の世界の側から見るとこれは過ちの共存共栄です。神は共存共栄とか弱肉強食といったことを超えています。そういう差別観のうえに立った共生ではないんです。

金光　そこのところが一番基本の問題だと思うんです。キリスト教でいうと原罪、エデンの園から人間の祖先が追い出されたというか、出てしまう。それは知恵の木の実を食べたからだと、まことにうまいことを言っていますが。

福岡　うまいことを言っていますね。

金光　人間というのは、だいたい意識でものを考えるようにできていると言えばできていると思うんです。それを当然だと思っているところに間違いが始まるということになるわけですか。

福岡　鳥や、そこの虫あたりは、知恵がないのではないが、発達はしないでしょう。脳細胞が発達して利口になっていくなんてこともないし、努力もしない。人間だけが知恵の発達とか、進歩しなければいけないという概念をもっています。これはどういうところから来たのか。簡単にいえばダーウィンの進化論ではないけれど、やはりものは進歩する、発達しなければいけないという思いが前提になっているからだと思うんです。基本的にそういう概念があると思うんです。でも、自然のなかには本来そういうものはなかったのではないでしょうか。

　金光さんにこんなことを言いだして、批判してもらったらいいと思いますが、実は最近、ダーウィンの進化論は根本的に大きな間違いを起こしていたんではないかと言いかけているんです。どういうことかというと、微生物も植物も動物も遺伝因子は一緒で、違いは染色体のなかの四つの遺伝因子のＤＮＡの組み合わせ方だと言うけれど、すべての細胞、すべての生物の遺伝子は一つであって、その組み合わせだけの違いではないか。言い換えたら植物も動物もみな友達というよりも親戚であり、もう一ついうと同体ということです。

　創世期に神が種を蒔いたとき、ちょうどいまそこに創世期の神さまがいたとしたら、発射台からいろいろな、動物から、微生物から、植物の種を粘土団子にしてくるめて地球めがけて発射したと考えたらいいんです。一度にパッと蒔いてしまったんです。創世期に神さまが露でもふりまくようにふりまいたんです。神さまは創世期に、動物も人間もサルもイヌもネコも鳥も同時に蒔いたつもりだったんです。

ところが環境とか条件、時代によって、アミーバーになる遺伝子の組み合わせのものが酸素と水素と水しかないような状況のときにまず初めに出てきた。一番初めに出てきた生物なんかはそういうものだったんです。蒔かれた種が海の底に沈んで、海のなかで今度はそれが藻になってみたり、海草になってみたり、あるいは魚になってみたり、沼に生えたのがヘビやカエルなどの両生類になってみたり、地上に蒔かれた種は、初めはシダになって、次に裸子植物、顕花植物になっていったりしたわけです。

木とか植物が立派に育ってくると、そこにはそれを食べる動物が繁殖してきたり、環境に応じた動物が増えてきて、ジャングルができると恐竜みたいなものが発生してきたり、ジャングルが少し粗くなって密林みたいになってくるとトラやゾウが出てきたり、それがなくなってきて今度は草原になったりすると、人間やサルぐらいのものが住みやすくなってきて、そういうものが出てきた。

しかし、これらは初めの一つのアミーバー、あるいはバクテリアのようなものが進化してなったのではなくて、初めから全部蒔かれていて、眠っていたのが一つ早く目を覚ましたのが早く出てきたり、目を覚ますのが遅いものがあとから出てきたり、それだけの差にしかすぎないのではないか。ぼくはこれを言い換えて二、三十ページにまとめてみたんですが、まとめてみてからひょっと気がついてみると、十年ほど前に『自然に還る』のなかでそのことを言っているんですね。遺伝子の浮沈論と書いてあるんです。浮いたり沈んだりしている。時と場合に応じた都合のよい遺伝子の組み合わせのみが地上に発現しただけだと。

人間の種を神さまが何十億年か前に蒔いたんだけど、アフリカに蒔いた種は黒い顔をして生まれてきた。ヨーロッパに生えた種は白色になった。アジアに蒔いた種は黄色い種にというふうに三つのカラーの人間ができてきた。だけど三人とも、三つのカラーとももともとは一人種であるし、そのもう一つ遺伝因子の元をたどっていくと、無生物も植物も人間も動物もみな同じ遺伝子なんです。

それがなぜ動物になったり、植物になったり、発生時期が違ってきたりするのかというと、最初の発射台から発射されたとき、神さまのコンピューターのなかにあらゆる歴史というか、微生物の構造からすべてがインプットされていたからです。コンピューターのなかに打ち込まれていたとも言える。

ある意味でいったら万物は自然に沿って自然のままに生まれたわけです。そうすると、環境に応じたものがたまたまそこに生えてきた。大きな木があれば大きな動物、小さくなれば小さな動物が生えてみたり、時と場合、環境に応じたものが生き残っただけでしょう。

それを逆に進化論のダーウィンに言わせると、自然淘汰とか弱肉強食、強いものが生き残ったんだ、環境に適応したものが生存権を得てそこに生き残って現在、地上で繁殖しているんだと言う。しかし、そうではなくて、同じものが一様に生えていて、神さまの目から見ると生物の生まれたときから滅びるときまで、その歴史が全部、遺伝子のなかに描きこまれている。

そういうふうな解釈をしますと、人間なんかは最後の、地球に緑がなくなって自然が滅びたときに人間も滅びる、その最後の幕引き役として生まれてきた動物ではないか。知恵が優れて、単純な細胞から知恵が太ってきてこんな利口な動物ができたと思って、動物のなかの王者のような顔をしているけれども、そうではなくて、複雑怪奇な脳細胞をもった動物が出てきて、地球滅亡のときの最後の幕を引く役者、役目をもって生まれてきた。それが人間である。

自分は今年になってから、自分の体力が弱ったからか、どうも人間はそんなようなものではないかという感じがしています。

金光　地球の幕引きのために人間が出てきたとおっしゃいますが、このままでは危ないと思う人がだんだん増えてきていることは事実だと思うんですが、そう感じる力を与えられているということですか。

福岡　感性でキャッチしているんですが、理性がそれをストップさせて、むしろ反対の方向へ行こうとしています。だから人間の智恵を捨ててしまうことです。これからのお母さんたちは子供に勉強しろと言うよりも、一般の相対的な分別智の勉強をしたらいかん、迷うだけだということを徹底的に教育することが世の中を救う一番の近道だと思います。

金光　でも、勉強しろと言われたらしないのが、勉強するなというとかえって勉強したくなったりします（笑）。

福岡　いかに勉強は役に立たないか、マイナスの科学を勉強したらいいんです。絶対真理は一つしかない。学ぶとすればそれしかない。

ぼくは今度、東京でも正直いって絶望したんです。これはもうとてもじゃないが、大河の流れに一人手を入れてそれを逆流させようというのと同じで無意味だなと思いました。

だから言ったり書いたりすることには意味がないんです。

結局、頼れそうなのは女性や子供の感性です。東京の子供あたりが食べた種を集めて送ってくれるでしょう。実践的にいうと、これだけが一つの糸口になればなるくらいです。とにかく地球を緑にすることができれば、その緑によって人類の復活は可能かもしれません。頼みの綱はそれだけです。その種を蒔くのはだれかといったら、結局、女性や、子供ではないか。この人たちにあとを頼みますというだけです。

ぼくは哲学的、宗教的にいって、これは絶望的だと思いだしたんです。ぼくは感性も頭脳も鈍いんです。謙遜で言っているんではなくて、金光さんにもはっきり言っておきますが、ぼくは勉強していないし、頭脳も悪いことは自分がよく知っています。感性なんかでも女の人の感性のすばらしさにときどき驚かされることがあります。

ぼくはこの五十年間にもっと真面目に考えていたら理論的に組み立てられたと思うのに、それをしなかった。本当にボサッと惰農で過ぎてしまっていた。もう少し、この四、五十年に哲学書でも宗教書でも読んでいたら、ひょっとすると筋の通ったことが言えたのではないかと思うんですが、それができていない。

金光　イエスさまでさえ「何ぞ我を見捨て給うや」といって絶望して亡くなられたわけで

す。人間が人間の智恵に絶望するところに新しい世界が、可能性があるということも言えるんではないですか。このままでいいと思っているからいま危ないのであって、そういう人間の智恵がだめだと気がつけば気がつくほど希望が増えてくるのではないですか。ちょっと逆説的かもしれませんが。

福岡　うっちゃりの手しかないということですね。だけど、うっちゃりというのはきわめて危険です。

金光　こういう危機的な状況にあるだけに、福岡さんの言葉は多くの人に聞いておいてもらいたいと思っています。

福岡　今日言っているようなことは、これしかないと思っているんです。今日言っていることは五十年間の総決算です。どこが悪いかを指摘してもらわなければいけないんです。厳しく遠慮なしに。

金光　夏の虫みたいに、焼かれるのがわかりながら火のそばへ行っているみたいなこの文明、このままでは困ると言いながら文明のいろいろな道具を利用して、かえっていろいろなものができると忙しくなって困ると言いながら、そういうものをどんどん開発している。こういう生活自体をもう一回離れて見直すような、そういうところにいかないとズルズルいってしまいますね。

　人間があの人はいい人だというとき、基本的に、だいたい自分にとって都合がいいことをしてくれる人をあの人はいい人だと言う発想があります。ですから、進歩という場合も、いまおっしゃったように自分の、人間の都合のいいように解釈したのが進化論というふうなことも言えるんではないかと思います。

　もう一つ別な角度からいいますと、だいたい人間は自分で自分をつくったわけではありません。この間聞いた話ですが、だいたいつくられたものは、たとえば湯飲みにおまえは何のために生まれたのかと聞いても、湯飲みはわからんと言います。人間に聞けば、これは飲むためにつくったんだとわかるけれど、湯飲み自身はわかりません。

　だから人間も、自分で自分をつくっているのでない以上、本当のところはわからないのではないか。それをわかったようなつもりになっているところに大きな間違いがあるんではないかというふうなことを言われまして、なるほど、うまいことを言われるなと思いました。

福岡　そのとおりです。自分のことは自分にわからない。デカルトが自他を区別して人間と他を分離したときから、人間は人間本位の考え方しかできなくなり、自分も、他もわかると思いはじめたんです。自然と調和するなんていうのは人間本位の考え方です。自然のなかの一体であるものに調和などできません。母の腹のなかの子は、母がわからない。

鳥やイヌやネコが人間より劣っているという考え方は、人間の立場からそういうことを言っているだけなのに、それが根本になって人間は優れた動物だなんていう錯覚を起こしてしまうんです。あの動物たちはむしろ智恵がいらないことを知っているから知恵の発達を望まなかっただけです。智恵がなくても知識がなくても、自然と一体だから完全に無一物で生活できることを知っているから、欲も出さないし、ものを蓄えることもしない。

偉くなって、利口になって、生存競争に勝ち残ろうなんていうケチな考えをもたない。生きて、生まれてきたんだから、それに従っていれば生きられるという確信をちゃんともっているわけです。自然に沿って生きることが最大の利口な生き方だと知っているのが小鳥たちです。

人間はそれを人間の智恵でひとりで生きていると錯覚したために、わけがわからなくなって迷いだし、さらに人間の智恵を働かせて生きなければいけないと考えた。そうすると、負けてはいけない、勝たなければいけない、自由競争だ何だという観念をもってきて一生懸命勉強する。お母さんがなお拍車をかけて子供を勉強させようとする。人間の智恵は、自分が前から言っているように、明らかになって何にもしなくていいようになるのではなくて、迷わせて混乱させ、苦しんであらゆることをするのに役立つだけの智恵なんです。

金光　分けて分けてこうだと、だんだん細かく細かく分けて。

福岡　細かく細かくして、わけをわからなくしてしまうのに役立っているだけで、まとめて、統括して、一つにして、ああ、これでわかりましたというところにもっていくのではない。パズルのように分裂して、分解して、バラバラに砕いてしまうから知恵が粉々になって、ミクロの専門バカになって、結局、精神分裂と同じような方向へ突き進むだけです。だから人類は最後の幕引き役で、しかも、発狂して滅亡するところにもっていくのではないかと思います。

金光　ただ、現実にいろいろな方にお会いしますと、宗教的に迷ったところを超えた人は、さっきおっしゃったような自他一体感というか、自分のエゴ的な考えではだめだということで、その考えが壊れたところに目が開けた方は、自然界とも非常に強い一体感をもっていらっしゃるようです。

そこのところが問題で、人間とほかのものは全然違う存在だと思い込んでいる場合には、いくら話を聞いてもおっしゃっている意味がわかりにくいと思うんですが、基本的な一体感みたいな世界に目が開けてくれば当然違う生き方が出てくると思うんです。

福岡　そのとおりです。金光さんなどは宗教の世界でそういうことをずっとやっておられるからわかっていると思いますが、東洋の分別という言葉、思慮分別が深いというけれど、分別したときが時間、空間の出発点になるわけです。人間が右と左に分ける、上下に分ける、男と女だとか、そのとき分別して差別する。優劣とか、速い遅いとか……。そのときに初めて遠近とか遅速という概念が出てきます。

　そういうものが時間と空間の観念の枠をこしらえ、その枠組みのうえに人間のすべての科学的な知識とか何とかが組み立てられていくわけです。科学の智恵や真理も時空概念のうえの頼りにならない蜃気楼にすぎない。いまおっしゃったすべてのもの、自然界と一体になる、共通の場をもつというのは、何のことはない、自分が死ねばいいんです。自我から出た時空概念がなくなればすべて、植物も人間も動物も根本のところで一緒になります。

　ここから見てこの小屋の窓の外に見えたものは全部、一体の、同じ生命だということになるけれど、自分というものが強ければ強いほど、勉強したり、いろいろな智恵をつければつけるほど、鎧を着てしまって自分の城を築くから自他が離れていくんです。そこに矛盾が生まれる。矛盾の元は一つのものを二つに分けたときから始まります。

人間でも男と女の二つに分けたとき、元へ戻ろうとする性質《はたらき》、それが自然復元であり、融合、＋《プラス》、愛となる。男と女は呼びあうが、反発してけんかもする。これが分裂、－《マイナス》、憎しみです。

一が二に分かれたときに矛盾が発生します。その矛盾を踏台にして、人間は元の一つに還る努力をしなくて、二つになったら今度はそれをさらに細分して四つにして、八つにして、それが発達だと思う。思慮を深めていってますます距離を開いて矛盾を拡大してゆくだけでしょ。

いまの政治、経済、世の中のすべての混乱に拍車をかけているのは、みな時の流れ、時《い》間空間《きもの》そのものの把握の仕方が間違っているところにあります。金光さんがいつもおっしゃっているような、時空を超える、いわゆる悟りの世界に入ったときに初めて、時間がなくなり、空間がなくなって、時空をあてにしない生活に入れる。競争であって競争でない、弱肉強食のように見えてそれを超えた共存共栄へ行ってしまうから、本当の豊かさ、自由、平和、幸せが生まれてくると解釈していいんではないかと思います。

金光　今度の『神と自然と人の革命』にも書いていらっしゃいますが、本来は神といい、仏といい、そういうものは人間の認識を超えている、つかまえようがない働きをもっているものに対しての言葉だと思うんです。

自分の神さまだとか、こちらの神さまだとか、こちらの仏さまだとか、人間が勝手に分けるからおかしなことになるのであって、本当の元は一つのものではないかという気がします。いろいろなお話を聞いたりお会いしていくたびに、そういう気持ちがだんだん強くなります。ところが現実には宗教という名前をくっつけた戦争はやまず、結局それは人間のつかまえ方がどこかおかしいからではないかという気がします。

福岡　自分もそこらあたりは何とかならないかと思うんです。神という言葉自身が西洋のゴッド、日本の神、インドの仏という格好になってしまって、分裂して解釈されているからけんかの種をつくるだけのことになってしまう。ぼくはこのごろ、ご承知のように自然が神だという言葉を使うんです。ただ、その自然というのは科学者が見た自然とは違いますけれども。

金光　人間の智恵で分別された自然ではない。

福岡　そう、そういう自然ではない。大宇宙観というか、宇宙の心が神なんです。名をつけるのが間違いで、老子の言うように名がつけられないのが本当です。有無とか時間や空間を超えた世界だから説きようがないんです。説きようはないが、強いていえば自然と言うのが一番無難ではないか。それだったら、どこの民族も反対しないのではないかと思いますが、どうでしょうか。

金光 そう思います。また、すぐに「ただ」がついて困るんですが(笑)、ただ、この自然という考え方についても、つい科学的な目で見られた自然を考えますし、それからたとえば心という言葉が出てきますと、根本にある働きというか、そういう目に見えないけれども人間を動かしているものを心という言葉で表現されたんだと思いますが、肉体に対する心と考えたり、そのへんのところが……。

福岡 心とモノをすでに分別して分けているからややこしくなるんです。では、心とモノは違うのか。数年前にこの囲炉裏端にカリフォルニア大学のカプラという原子物理学者が来たとき、二人で論争したんです。この囲炉裏の木も、水蒸気を出して燃えている煙も、炎も、光も音も、全部素粒子です。そこまでいくとあらゆる物質の究極の世界は素粒子になってしまいます。

遺伝子をつくる前の素粒子、遺伝子をつくる、アミノ酸をつくる、核酸をつくる元《もと》は素粒子です。素粒子のところまで行ったら、行き着くところまで行ったら、そこが神なんです。根源です。これからすべてのものが出ていて、無生物も生物も、生物と無生物の区別をつけたのがすでに間違いであって、生物も無生物も生も死も同体です。素粒子のさきにそれはすでに含まれていて、分けようがない。分けようがないというのはゼロなんです。

もう一ついうと、無という言葉は一番分けようがないんです。有無の無ではなくて、絶対無に行ったら分けようがない。分けようがないものが原子物理学でいえば素粒子のクオークになってきてしまう。それからすべてが出発していると見たら一体になれるでしょう。人間の智恵を捨ててバカになれば一番手っとり早いんだけど、イワンのバカになれなくて、利口バカになる努力を一生懸命するから、本当のバカになってしまう。

ぼくはダーウィンの進化論を徹底的にやっつけるようなことが書けたら、これは一つの神に近づく道になるんではないかと思うんです。あらゆる人間の努力の一切が無駄であるということ、発達する必要がないのだから昼寝していればいいんだ、生きていればいいんだ。ただ、生死一如で、一衣一鉢で、囲炉裏の端で生きていれば、人間はそれで差し支えなかったんですよということを説明する手だてとして、ダーウィンの進化論の間違いを説くことができたらいいんですが。

もう一ついえば、時間と空間を人間の頭に固定させてしまったアインシュタインあたりの間違いから徹底的に説くことができたら、時空は本来一つで、しかもない。時間なんていうものはないんだ、空間はないんだといいたい。時計さえ捨てさせたら、人間は年取っただの、若いだの、老だの、病だの、死だの、お釈迦さんの四苦八苦する材料がみな飛んで消えてしまうんです。

　時計をなくす運動の出発点として、ダーウィンの進化論の否定論、アインシュタインの相対性原理の出発点となる時間と空間の、時空は一体であって、その時空は一体になったらなくなってしまうんだということを徹底的に説けないかなと思いますが、金光さんはどう思いますか。

金光　そのへんになるとよくわかりませんが、麻薬を飲んだ人はとにかく麻薬がないと生きていけない体になってしまいます。人間も時間と空間のなかで生きているというふうにずっと育ってきますと、時空のない世界なんて考えられない。あるいは考えるのが恐ろしくてしょうがない。無為自然といった生活なんて想像もできない。あるいは想像してみても退屈でしょうがないのではないかと思えてしまう。本来の自然のもっている生き生きとした喜びの世界は、いくら口で言われても受け付ける感受性がいま現代人はなくなってきているのではないでしょうか。

福岡　とんでもない錯覚を起こしているというのはそこなんです。アインシュタインが初めて光は曲がっているんだとか、時間はどうだのこうだのと言いだして、それで宇宙的な時間・空間がはっきりしてきたように思った。ところが、その抽象概念にしかすぎなかったところの時間・空間がですね、われわれのすべてを律している。

ぼくは今朝も思ったんですが、いまの時計は平板のうえに数字が描かれていて、針が回って、一方的に川の流れのように流れるのが時計だと思っている、時間だと思っています。ところが本当は時間というのは四方八方に無限に、立体的に、四次元的に、移動とか進展とかしているわけです。流れということで言うんだったら、そういう表現をしなければいけません。

極端にいうと、自分の今朝の夢ですけれど、もしも人間が立体的な時計を発見したらどうなるかと考えてみると、それは一つの時計のなかに過去・現在・未来が全部、映像化して組み込まれている時計です。これができたら一番喜ぶのはアインシュタインではないかと思うんです（笑）。ニューヨークでアインシュタインの姪ごさんに世話になったので、今度行ったらその話をして、お礼に立体時計をあげましょうかと言ったら、どう言うだろうかと思ったんですが（笑）。

立体時計をもらったらそれをどのように使うか。アインシュタインだったら、宇宙船の羅針盤として使うんではないかと思います。どちらへ向いて行ったらいいのか、どちらへ行った時間が、方向が、人類の一番正しい生き方になるのか、そういうことを宇宙船のなかで考えるかもしれません。

しかし、これは一つの大きな喜劇で、悲劇になってしまいます。時間・空間を、ありもしない時間を平面的、直線的な時の流れ、川の流れとして見た人間は、まだ自動車で平面を走り回るぐらいだからいいんです。せいぜい飛行機で地球の表面を飛びはねていればいいけれど、宇宙の世界まで飛び出して立体的な活動をしなければいけないような錯覚を起こしてくると、人間というものは時間・空間の本当の実態、実質をキャッチしたように思ってしまうかもしれません。

アインシュタインは実相に近づいたと思っているかもしれませんが、ぼくはアインシュタインは逆だと思うんです。抽象概念を現実的に具象化して、時計の流れを契機にして、そして具体化したのがアインシュタインです。

原子爆弾をつくったり、宇宙船を飛ばすことに役立つような宇宙物理学や量子論を組み立てたのは人類の飛躍的な発達だと思っているけれど、とんでもない迷路に導くのに役立っただけで、あの宇宙のなかに飛び出して暗黒の世界のなかで、宇宙船のなかで、どんなに人工的な植物やメダカをつくったり、お花やお茶をいれるような設備があったとしても、幸せはどこにあるのかということからいったら全然逆の方向だと思います。

むしろ反対に、時計も何ももっていないインドの民のほうが、ガンジスの河原だけを見て悠久の時のなかに身を任せている人のほうが、一瞬一刻が永遠の時間になるし、長生きしなくても一瞬一刻に生きて、カゲロウのように早く死んでも平然としていられる人間になるんです。

どちらが本当に時間を獲得することになるか。虚像の時間を獲得するのにアインシュタインやダーウィンは非常な功績を残したと言えるかもしれませんが、この人たちによって人類がここまで追い詰められるような状況をつくったんではないかと思います。

自由と放任

金光　人間が与えられている自然のなかで、自然の法則、仏教の言葉ではダルマということになるんですが、それに従って生きようと仮に志したとして、福岡さんが前におっしゃっていた自由と放任は違うんだという違いを知ることが非常に難しいと思うんです。

自由に生きることと放任と、戦後の教育の間違いは子供は放ったらかしで、放任しておけばいいんだ、そうすればスクスク伸びるはずだといった間違った考え方の結果が現代にも出てきているような気がするんですが、福岡さんのおっしゃる自由と放任の違いはどういうところに出るんでしょうか。

福岡　いまの時計でいえば、時計をもってから時計を無視するというと、それは放任になります。ところが、時計がない世界の人たちが初めから時計を捨てたところで生きているのがいわゆる自由な生き方です。時計という枠をこしらえておいて、その枠のなかで暴れ回っているのは自由でもなければ本当の自然でもない。枠組みのなかでの一人相撲、一人勝手です。結局、人間はいっぺんミステイクを犯してから放任とか自由といった言葉が出てきます。人智を加える以前に本当の自然があるんです。

金光　前にもおっしゃっていましたが、その意味では現代の、たとえば植物の生態学的な植生、この植生に対して何もしないということであれば、かえってこういう砂漠化なら砂漠化の方向に行くのを止めることはできないけれど、人間が手を加える前の本来の状況に返すためには人間が手助けしてやらなければいけないということにもなるわけですか。

福岡　いっぺん文化、文明の都をつくって、自然を滅ぼしてしまっておいて放っておけば砂漠になってしまっていよいよだめです。これは放任ですから自然が破壊されたままで死滅していきます。ところが、これを復活しようとすれば手段は一つしかありません。

たとえばここのジャングルの、あるいはインドでも南のほうでもどこでもジャングルがぼつぼつ残っていますが、そこの土地のシダからコケからすべてのものをいっぺんにもっていって、飛行機のうえからでも、人海戦術でも蒔いたら、それが一番早いんです。そうすれば神さまがそのなかから選んで、残るものは残り、生えるものは生えて、共生して、大きな木の下で小さなシダが太るし、シダが下にあれば大きな木の種が落ちてもそれが生えて、自然にジャングルが復活します。

一番手っとり早いのは、悪くいえば子供のように、よく言えば神のように、あらゆるものを差別しないで、区別しないで、同時にいっぺんに蒔いてしまうことです。広い範囲に蒔きさえすれば、いちおう緑にすることさえできれば、自然はしぜんに復活してくれます。ゾウの住める森がまた復活するんではないですか。

インドへ行ってそういう話をしてきたんですが、インドの人はそういう話がすっと入ってしまうんです。ところが日本人は智恵が多すぎて、この前も東京で、ブラジルサミットの賢人会議とか、そのあとで行われた会議に出た人に会ってみますと、自分の話をひと口いっただけで学者の皆さんから否定されてしまうんです。

科学の世界に哲学、宗教をもち込むな、というのは、学者というのは自然を外から見て批判するんです。自分が自然のなかに飛び込んだことはない。だから外から見て、皮相を見て自分の専門的な智恵での解釈だけですべてを、自然の心というか、核心がつかめたような錯覚を起こしてしまうんです。生態学者は生態学の立場から自然の本体がつかめるように思って、それをもってすべての砂漠緑化の手段が見つかると思っています。

ところがこの円でも、その皿でも、周囲というのは無限にあります。しかし、真ん中に、核心に飛び込んでみたら芯とかセンター（中心）というのは一つしかない。しかも一番のセンターのセンターに近づいたら素粒子になってみたり無の世界になっていくでしょう。これは小さいからつかみやすいんです。何にもないところまで行ったら、本当にない絶対無、それだけわかればいいんです。

世の中には何にもないんだということがわかれば、それで核心がつかめてしまう。だから、なかから見れば世界中がいっぺんに見えるんです。心眼に映してみればすべてのものを、一瞬の間にグルッとこうべをめぐらすだけで世界中のことはわかるけれど、外から地球をのぞくとなると、宇宙の端からながめてみたり、太陽の世界へ行って地球を見たり、また裏側から見たり表から見たりすることになって複雑怪奇になるだけでしょ。

地球ひとつを知るのに、ガガーリンではないが「地球は青かった」という人もいるし、真っ黒だという人もいるということになってしまうんです。千差万別に見える。地球の顔なんか見ても地球は何にもわかりはしません。地球の姿かたちはわからないし、心はなおわからない。一番手っとり早いのは、地球の芯のなかに飛び込んでみることで、これで地球がいっぺんにわかります。

社会のしくみでもすべての事柄がどうあるべきか、自然の秩序とか世界はどうあるべきか、政治や経済や文化、文明とは何か、そういうことがいっぺんにわかってしまう。ところが外から見るからハチの巣をつついたようなことになってしまう。それが現状ではないかと思います。

自分が恐れるのは、このままの状態でいけば、いま知ってか知らずかみな立体的な時計の方向に進んでいるから支離滅裂になってしまっていて、結局それが膨張して分裂して崩壊するというところまで突入せざるを得ないだろう。収縮、収斂して無のところに還る。利口になるのではなくて、バカになる努力を一生懸命しなかったら、必死になってしなかったら、もう間に合わないというのが現状ではないかと思います。

神《しぜん》とともに生きる

金光　そういう意味ではよく終末論といいますが、この世の終わりが来て、そこで人間が選別されて救われる人は救われるといったキリスト教の考え方が、ある時期、中世にも何回か盛んになったようにも聞いています。いままで福岡さんがおっしゃっている、このまいくと地球はもう破滅する、あるいは人間も自然とともに滅びてしまうということと、そういう終末が来てそれからどうなるのかということとは、ちょっと次元の違う話になるのでしょうか。

福岡　そうも言えますけれど。自分は予言なんてことは大嫌いだったんです。いままで神や仏を拝んだこともないし、予言したこともないと平気で言っていたんです。ところが、自分がフィリピンでマグサイサイ賞をもらったときに、その賞状にこれは何であるかということが英語で書かれていたんです。でも、ぼくは英語が読めないでしょう。何でくれたのかわからなくて、自分の解釈では、自分の本を読んで自然農法をやったマグサイサイ財団の婦人が四年で立派なパラダイスをつくった。それがすばらしいので、それにくれたんだろう。本当はその婦人がもらうべきなのに、自分の本がきっかけになったというので、ぼくにくれたんではないかと思っていたんです。

　ところが先日、英語の原文を読んでくれた人が、そのなかに一言、インドのガンジーさんの言葉に福岡は予言者だという言葉があったというんです。フィリピンの人もインドの人も、実をいうと自分を予言者だと言っているというんです。ぼくは驚きました。自分ぐらい愚かで、それは大昔に、五十年も前にいっぺん神《しぜん》を見た気がすると言っているけれど、こんな愚鈍な男が言うことはあてにもならないし、予言する力もない。そんなことは露ほども関係ないと思っていたんです。ところが、この予言者とは何かと聞いてみると、神の言葉を伝える人だというんです。

金光　本来の意味はそうですね。

福岡　そうなると、ぼくは五十年間、下手な言葉しか言っていないし、人に通じるような言葉はひと口も言っていない。五冊の本を書いても、どれ一つとっても役に立たないからものを言えたと思っていないし、これを自分が亡くなったのちも残そうとは思ってもいなかったんです。

　でも、考えてみると神の言葉が何とか伝わらないかと思って書いてきたといえば書いてきたんです。神は何かということについて表現もしないし、うまく言うことはできないけれど、その確信は五十年間露ほども変わりませんでした。そうすると、下手でも何でも自分の書いているものが、ある意味で言ったらその努力だけは、買ってもらってもいいのではないか。

愚かな、イワンのバカではないけれど、バカみたいなことしか言ってこられなくて慚愧《ざんき》に耐えないのだけれども。これは読み方によれば、ただの石ころ、ただの言葉とも言えるけれども、愚かな百姓の一つの言葉にしかすぎないのだけれど、読む人によっては、神の言葉を伝える捨て石ぐらいになる可能性はあるのではないか、とひょっと思い出したんです。

今度も一カ月かけてダーウィンやアインシュタインの時空観に対して宇宙観から見たものを書いてきたんですが、そんな気になってきたのも、もとはそこなんです。ここにいる人たちが、福岡さんが死んだあと山は引き受けると言ってくれるから安心して、これからの残された人生は神の言葉を一生懸命研究してみたらどうかなという感じがしています。それが自分の役目ではないかと。

金光　神という言葉でいまのようなことをおっしゃると、またひとつ誤解を防ぐために付け加えさせていただくと、いまの日本では神さまの言葉が聞こえるという人がずいぶんいらっしゃるし、お祈りすると神さまが直接声をかけてくださるという人が現実にいらっしゃいます。そういう意味での神さまとはまったく違う……。

福岡　ぼくは鳥や木やダイコンが神だと言っているんです。こちらはものも言わないし、祈っても返事もしない。いくらお供えをしても何をしても知らん顔をしています。いまの守護霊とか、祈ったら助けてくれるとか、とんでもない話です。ぼくは空海の密教ですら疑っているんです。

　神は秘密でも何でもない、歴然としてここにあるんです。歴然とあるのに、それがわからない。人間の智恵で解釈するから、それが秘密のように見えるだけのことです。神には裏も表も、秘密も何にもありはしない。だから、キリスト教だ、仏教だ、イスラム教だなどとみんなが勝手に名前をつけて、いろいろな格好で拝んだり祈ったりすることがすでに根本的な間違いであって、それは神でも仏でもない。

　時間・空間を超えたものが、どうして人を集めたり人に呼びかけられるのか。言葉が通じないのが神だというんです。表現できないのが神でしょう。その神が人に伝える集団をもって一つの教団をこしらえるなどということは、まったく神や仏を知らない者の言うことです。一休や一遍さんではないが、どこまでも一人が一宗、一人が神を知ればいいんです。他人に説くことではない。先日、宗教学者と会談したとき「神を一度も見たことのない者が神を説くな。それより、神が創った自然を壊さない努力でもしたらどうだ」とどなったのです。

昨日もここの人たちに言ったんですが、人間の智恵は、いくらものを知っているアインシュタインだ、ダーウィンだといっても、その智恵は、神の智慧が一〇〇パーセントだとするとせいぜい二五パーセント、四分の一にしかすぎません。有無の世界である相対界のなかで有の世界を知っているのが人間だと解釈しています。

人間というのは、生きているこの世は解釈できるけれど、死の世界は知りません。だから、半分しか知らないんです。生死は一体であると言葉で言っても、生死が一如であるというふうな言葉は知っていても、本当のところ知っているのは、見ているのは生の世界だけです。あの世の霊の世界なんてだれも知りやしないし、見たこともない。

しかし、仮にあの世を知ってもまだ五〇パーセントです。本当の神の智慧は有無を超えたもう一つの絶対無、絶対有の世界だから、これは一〇〇パーセントです。人間は、最大に智恵者という人でもせいぜい二五パーセントです。いまの学者の智恵なんていうのは、ぼくは五パーセントだと思っています。

　専門家の智恵はどんなにすばらしい智恵だといっても、物理学者だ、生物学者だ、遺伝学者だ、生命科学者だと言っても、その人の智恵は五パーセントか六パーセントです。二五パーセントの有の世界のなかの、ある部門の深い智恵だから五パーセントぐらいでしょう。農学者でも、肥料と病虫と機械の三つの専門家が集まったら、五パーセントずつで一五パーセントに増えるかと思ったら、どっこい増えない。あいかわらず五パーセントのままです。五と五と五を足して十五になるように見えて、五を三つ合わせても五にしかならないんです。

　ここ四十年か、五十年、日本の百姓が作った一反歩のコメの収量は十俵で、それ以上一歩も出ていません。いくら基盤を整備してみても、小農が作っても、大農が機械化しても十俵止まりです。

　五百キログラム、六百キログラムくらいのところでとどまってしまうのはなぜかというと、枠がもう決められているからです。太陽光線のエネルギーがもう決まっているんだから、人間の智恵でいくらジタバタしてみても、一反歩から一トン以上のコメや麦はできはしないんです。人間の智恵を使わなくても、放っておいても一トンできるんですから、結局、人間の智恵はゼロだということを自然農法が証明しているわけです。

金光　そういうお話を聞きますと、福岡さんの言う人間の本来の生活、神に従っての生活というのは昔の太古の生活に還れということになるんでしょうか。そういうふうに思う方も多いんではないかと思います。

福岡　還るとか還らないとか、太古と現在とか、過去・現在・未来を区別したところにすでに間違いが起きているんです。この一瞬のなかに全部の、過去・現在・未来も、この景観もみなインプットされています。過去・現在・未来が一瞬になり、一瞬がすべての永遠の時を表しています。

だから、原始に還ったといって、素朴な、つまらないもののように思うけれど、どっこい、複雑になって、立派な高層建築などに住んでいる人間に、果たしてこのままで未来があるかといったら、そうではないでしょう。みんなは、大きな、立派な、高いところにいって、石油なんかで食品をつくれば人類は生き延びられると思っているようだけれど、人類が最後の幕引きの動物であるという見方からすると、人間以上に利口な動物は生まれないということです。

これはほめ言葉なんです（笑）。一番利口で、一番愚かで、最後に幕を引くのが人間だと見たら、ほめるもほめないも一緒になってしまいます。未来があるかないかといったら、そういうことから言ったら、未来はありません。地球の寿命があなたの寿命です。

しかし、ただ一ついえるのは、いまの一〇〇パーセントの智慧ではないけれど、学者や利口な人たちの智恵は五パーセントの知恵であったり、せいぜい二五パーセントだけど、女性や子供はむしろ、まだ霞のかからない知恵をもっているから、色眼鏡をもっていないから、女性や子供たちのほうが直観的に感性として本当の知恵とは何かということを、むしろ感知しているんではないか。

唯一の救いは女性であったり、将来の夢を託するとすればもう子供しかいないんです。白紙の、汚れていない知恵をもった赤子から教育をし直すというか、教育をしない教育をするということが唯一の世の中を救うカギになるのではないかと思っています。

金光　現在のような教育ではなくて……。

福岡　教育を否定する教育です。教育無用論の教育を徹底的に進めれば、子供は生まれながらにして絵描きであるし、詩人であるし、歌人で、平和主義者です。それを伸ばしていって、いわゆる一衣一鉢で飯を食べて、生きて、そして歌をうたって、踊って、それだけでよかったんです。それが自然復活の道にもなるし、人類永続の道にもなります。それ以外に方法はありません。

それは太古に還るといえば還るように見えるけれども、そうではなくて、始原の、人類が神さまのつくってくれたときの最初の姿に還るだけです。知恵の木の実を食う前の、エデンの花園をつくって、そこに住むことが復活の唯一の道ですし、それ以外にはないです。

金光　また「しかし」が出るんですが（笑）、しかし、子供を教育する前の、教育をしない教育。ということは、エゴを増長させる方向でない教育ということになるわけですね。人間のエゴ、自我を拡大する方向でいくら教育しても、知識が増えれば増えるほどかえって自我の行動力を増し、世の中が複雑に混乱して、それこそ崩壊の方向に行くことになるでしょうから、そういうところでは放任でなくて、しかもエゴを増長させないで、超エゴの方向に行く教育となると、本当に難しいことになりますね。

福岡　難しいといえば難しいけれど、簡単にいえば、自然樹園と言っているけれど、そんなところに放り込んで虫やイヌやネコと一緒に遊ばせておいたら、かえって一番手っとり早く自然の核心をつかまえられるんです。自然から離れた大都会のなかで、あの喧騒のなかで、文明都市のなかで自然をつかもうとしたり、神の心をつかもうとしても、神社や仏閣へ行っていくらお祈りをしてみても何にもつかめません。むしろ遠ざかったもののほうに行ってしまいます。ターザンになれば、自然の心をつかみやすい。

金光　こういう自然のなかで、あるいは神とともに生きる。

福岡　神とともに生きるということは、話が循環するけれど、時計のない世界です。そうすれば寿命もないし、年齢もないし、老弱もないし、何もない。概念の世界で踊らされることがなくなってくるから、安心して飯を食っていられるんです。

金光　人間の体も分別で大きくなっているわけではなくて、無分別、分別のないところで生まれて大きくなっていますから、そういう意味では人間も……。

福岡　何一つ智恵がなくても、乳を飲むことを知っていれば、食べられるもの、食べられないものを区別するぐらいの舌ももっています。目で見てどれが美しいか、どれが汚いかくらいのことは本能的に知っているんですから、その本能だけを素直に伸ばすだけでよかったということです。人智無用論、人間の智恵がいかに役立たないかということを勉強するのが学問の道、目的だと思うんです。

金光　どうもありがとうございました。

（一九九二年放送）

第五章

今という時と場所で——人間と自然

現在の農業

金光　私がここの自然農園にお邪魔するのは今日で五回目になります。最初はたしか「自然に仕える」というテーマで、その次は「地球に種を蒔く」でしたし、三回目はたしか「自然は神である」というふうに、テーマは福岡さんのお考えに応じてだんだん変わってきています。

今日は例のウルグアイ・ラウンドの問題とか、日本はいまおコメの輸入をするようになったという農業状態になっていますが、そういうこととか、バブルがはじけて景気が非常に悪いとか、いま現在の日本の、農業を含めての状況を自然農法をずっと実践なさってきた福岡さんはどうお考えになっているのか、まずそのへんからお話をうかがいたいと思います。

福岡　いまの金光さんの一言のなかには、自分の五十年間の問題がずっと入っているような感じです。自分は五十年前もいまも同じことを言い、同じことをして、ただ平々凡々の百姓をやってきました。金光さんが来られたりしていたけれど、十四、五年前まではほとんど世間のことに無関心で来ていました。
　ところがこの十四、五年前ぐらいからどうもおかしいというような感じがして、少しずつアメリカへ行ったり、アフリカやインドへ行ったりしています。ところがこの四、五年、加速度的にどうもおかしい。特に去年の暮れから、ご承知のように足腰が弱って東京へは行ったりしておりますが、去年の秋も行ってきましたが、正直にひと口でいえば、自然に還る、自然を守るという空気は加速度的に増えたけれど、加速度的に自然が崩壊したからそういう空気が出てきているだけであって、具体的に自然を守るとか大事にする方向は一歩も前進していない。むしろ逆に加速度的に絶望的な状況に追い込まれているような感じがしています。

金光　最初のときから人智無用、人間の智恵は無用である。自然である神の働き、自然の働きのままに生きていけばいいんだ、自然の本来の働きを発揮できるようにすればいいんだとおっしゃっておられますが、その点は現在もまったく変わりなしにそういうふうにお考えですか。

福岡　前に来られたころ、この付近に木は一本もなかったはずです。この前、話したのはこの後ろのほうの場所だったと思います。五、六年前にこの土地を近所の人からあらたに譲り受けましたが、他の四ヘクタールの土地は五十年前には粘土団子に使う砂漠の土みたいな土で、サツマイモしか作れなかったんです。四十人の農家がサツマイモを作っていましたが、毎年一人二人やめていくものですから、その土地を拾い集めて面積が広くなりました。

そこで何をしたかというと、いろいろな果物をちょっと植えてみたり、クローバーを蒔いてみたりするぐらいで、昔もいまも自分の頭のなかは同じなんです。緑だったときも、クローバーがなくて砂漠になっていたときも、五十年前も、自分はここをパラダイスだと思っていました。

ところがいまになってみると、ジャングルみたいになっています。この四、五年の間に果物のジャングルになってきたんです。放っておけば自然はパラダイスといえばパラダイスになるんです。ここでも自分の植えた木はパラパラと、まだ小さくて二、三メートルのものもありますが、そこらに三、四メートルの柿の木があって実がなっています。これとかセンダンとかみんな鳥が蒔いた木です。センダンの木は一年に春夏芽を出し、一節二節伸びて、二メートルも伸び、四、五年でこんなになるんです。もうあと一、二年もすると森林みたいになってきます。

そうすると、木の高さだけ根も伸びるから土は非常に深くなる。皆さん、昔から土は深かったと思うでしょうが、そうではない。四、五年前、ここは砂漠の土でした。放っておけば、鳥が蒔いてくれた木でジャングルになって緑が復活するんです。地球も放っておけば砂漠は緑化できます。

金光　ただ、放っておけばといっても、砂漠になったままで放っておいてもだめなわけで、たとえばここの場合は、ミカンの木だけ植えていたときは砂漠のように土が硬くなっていた。そのままではミカンの木は枯れるし、ミカンの木を切っただけで放っておいてはいけないわけですから、やはり回復するための手伝いはなさったわけでしょう。

福岡　きっかけといいましてもたいしたことはやっていないんです。ただ、普通の考え方とちょっと違ったといえば、この赤土の粘土を普通は肥料がない、やせた土だと見ます。ところがこれが黒土になると、土が生かされて黒くなったと言うけれど、赤土も肥料成分がないわけではない。寝ているだけなんです。あるいは怠け者でさぼっているだけなんです（笑）。なかに養分がないわけではないけれど、水溶性に、植物が吸収する格好になっていない。だから、寝ている土を起こしてやればいいんです。

ぼくがアフリカに行ったとき、アフリカの子供たちに盛んに言ったんですが、これは若すぎるんだ、礫砂漠であってみたり、砂の砂漠であったりするのは若すぎるからだ。赤土の粘土の砂漠というのは寝ているんだから起こしてやればいい。起こすきっかけをつくるのが、インドあたりへ行くとニームの木というか、センダンの木であってみたり、ハゼの木であったりする。ここでいえば、クローバーを蒔いておくというと、バクテリアが増え、また藁を上へ振っておくだけで、それがきっかけになって土が生き返る、目を覚ます。それをやっているだけです。

　これは人間がやらなくても、鳥とかアリやミミズとかモグラがやってくれていることで、強いていえばそれを邪魔しないことです。ぼくは自分で何をしたか考えてみると、自然が復活するのを邪魔しなかっただけではないかと思っています。

金光　そうなると、復活してくるとそれこそパラダイスになってくる。十年前に比べるとパラダイスの様相が変わってきて、本当のパラダイスに近づいてきているとお考えになりますか。

福岡　皆さんはそう言うんだけど、何にもない裸の砂漠でも自分の頭には、これはパラダイスになる、更生すると思うから、砂漠に寝ていても、逆に夢を見ることができるんです。

ぼくはここへ四十九年前、終戦の日に入ったんです。それで百姓を始めて、そのときここをエデンの花園なんて書いたんですが、十年前の写真を見ると、このへんに木は何にもないですね。いまはもうフジの花が上にあって、キウイフルーツが巻きついて、その下にある小屋はスモモとかジャングルのなかに閉じ込められて、もうつぶれかけています(笑)。いま見ても、自分でもこんなに変わっているのかとびっくりするくらいに、十年で変わっています。だから地球もこういう速度で復活するはずだけれど、正直なところ、ぼくはあちこちの外国を飛び回ってみて、この十年間、世界中の砂漠化が加速されている速度は恐ろしいほどです。とても間に合わない。

金光　砂漠化しているわけですか。

福岡　ええ。その速度に間に合わないから、十年ほど前にNHK出版の『地球大紀行』の編集長がこの山に来られたとき、飛行機で上から粘土団子の種を蒔くしかしょうがないと言ったりしたんです。しかし、あれから十年たっているけれど、砂漠化の速度が速くて絶望的です。もう本当に間に合わないのではないかと思っています。

　自然の滅びる速度がはやいところへもってきて、いま人為的に農業が滅びつつあります。日本は五年前にはっきりと畜産が滅びるという条件になってきましたし、ウルグアイ・ラウンドで果物はだめになるし、今年はウルグアイ・ラウンドでコメなどの輸入の自由化が決定したということでどうなるか……。うちの竹の子やフキなんかでも金にならなくなりました。

金光　自然農園にフキとか竹の子が生えているんですか。

福岡　生えています。山菜だけで四十万円、八十万円とれていたのが、あそこへ行ってみたらわかりますが、いまは全部、市場に出す手間賃も出ないので……。

金光　市場にも出していらっしゃったんですか。

福岡　ええ。それが今年から嫁や息子たちも、もうやめたと言いだしています。

金光　というのは外国から入るほうが安いから。

福岡　野菜でも中国からのものに圧倒されるんです。

金光　そうすると、ここで自然に生えているものをとって、運び出して、市場にもっていってもその労賃も出ないぐらいの感じですか。

福岡　そうです。コメなんかでも今年はいろいろ騒ぎましたが、今年一年はコメが足りなかったので都会の人も少しは大事にしてくれるけれど、来年になって余りだしたら、また、百姓はどこにおるかとなってくると思うんです。そのときに日本の農業は滅びるでしょう。

日本の農業が滅びたら、韓国も中国も将棋倒しというのがいまのアメリカあたりの見方だと思います。

自然農法でやればただだから、タイで作ろうが日本で作ろうがインドで作ろうがコメの値段は一緒ですが、石油価格の違う、農機具の価格の違うところで自由競争をされたら滅びるのはどこかというと、日本のように科学農法でやっていて、一番高い原価のついているコメがいっぺんに滅ぼされてしまいます。その次にどこが滅ぼされるかというと、アジアの農業が将棋倒しになってくると思います。その兆候がどうもはっきり出てきているのではないでしょうか。

日本の農業の衰亡は世界の農業の衰亡です。日本より先に滅ぼされているのがインドやアフリカです。ここ八十年ほどの間に西洋の近代農業というか、企業農業というか、貿易を主体にした有利作物をつくれという農法のために、アフリカもインドも農業が滅びています。自然が滅びて農民がいまのように窮乏しています。

日本は頭と科学の智恵で世界で一番進んでいる農業をしています。科学的にいって日本の農業ぐらい進んでいる農業はないと思いますが、その近代農法が一番もろいんです。資材と智恵を使っている農業でしょう。だから、その根底が崩れると一番初めに滅びるのが日本の農業です。それを知っているから政治家や実業家、農協まで日本の農業をあてにせずに、外国の農業をあてにしようという空気になってくるんではないでしょうか。

しかし、そうかといって外国の農業に依存できるかというと、どっこい、そうはいかない。向こうは日本以上に自然が滅びているんです。科学農法では見込みはなく、自然農法をやらなければ生きていけないような状況に追い込まれているのはよそなんです。日本は、近代農法がだめになり、自然農法もいまのような状態で、このへんのただの農作物は市場性がないというようなことになってくると滅びざるを得ないことになってきます。近代農法も科学農法も同時に崩壊しはじめているのが現在の状態です。

金光　現在も、コメとか他の農作物が日本に入ってくるとなれば、日本も大規模農業にしなければいけないといった声を聞きます。しかし、さっきからお話をうかがっていると、大型農業というか、機械化による大規模農業は現在までのところむしろ失敗してきたとお考えでしょうか。

福岡　初めから失敗なんです。失敗というより、人間がものを生産するとか増産するという言葉自身がおかしいのであって、コメでも野菜でも樹木でも、太陽の光線から計算すると一平方メートルにだいたい一キロ余りできるんです。コメでいうと今の日本の生産量は一反に十俵だけど、本来なら十五俵も二十俵もできるんです。

ところがその自然が滅びているから、ここでもやせてしまったら何にも育たない。ミカンもできなかった、サツマイモしかできなかったという土地もあります。田んぼでもそうです。自然が滅びてくると、肥料や農薬をやってもせいぜいコメだったら反当り十俵まで、ほかのものでも四、五百キロまでの生産になります。肥料や農薬をやって四、五百キロで増産したというけれど、自然農法から見たらだいたい千キロから二千キロできるのが本当です。人間がやっていることは増産ではなくて減損防止なんです。

人間の寿命は百二十歳を天寿とするでしょう。自然のなかで育てば百二十歳まで生きられる人間の寿命が、都会生活をして不自然な食物を食べるために四、五十歳しか生きられない。そして薬漬けで、病院で守られて百歳になっているだけです。

それと同じで、ここのダイコンだって何だって、赤土で肥料分もない、養分もない、何にもない砂漠の土でこんなに大きなダイコンがニョキニョキできています。だから、肥料成分とか何とかでできているという考え方が間違いだったと思うんです。

金光　ただ、一人当たりの労働に対する収益というか、作物をお金に換算すると大規模農業のほうが労働生産性は……。

福岡　労働生産性というか、一人が大もうけできるだけで、一定面積の収量が上がっているのではないんです。むしろ下げさせておいて、減損防止をしているだけです。この五十年間、自分が試験場にいた若いときから、生産量は一キロも増えていません。昔も一反から十俵、いまも十俵で、むしろ減る傾向です。

大規模農業をすると、機械を使って、肥料をやって、一人がもうけられるようになるだけ、ほかの人のクビ切りになるだけです。一番安いのは人間の労働力です。ウマを使う、ウシを使う、機械を使うよりも、精密機械で必要なエネルギーが一番少なく、しかもエントロピーのないエネルギーで効率のいいのが人間です。ですから、人海戦術で作るのが生産性は一番高いことになります。その証拠に、中国やインドのコメは安くて、日本のコメは一番高いでしょう。大規模で高いコメを作ることを生産性が上がっていると錯覚している。これは地球的にみて人類の食糧生産のとても大きな錯覚だと思います。

金光　たしかに近代農法で土地が荒れているのであれば、自然のもっている力をもっとも生かす自然農法がいいということは話を聞いてわかりました。しかし、現実に自然農法を実践しようと思っている人は、やってみたいと思っている人はずいぶんいるようですけれど、日本ではここ以外のところで自然農法が成功しているという話をあまり聞きません。

その点は何かやりにくいところがあるんでしょうか。

福岡　日本はある意味でいったら自然に恵まれているんです。この村でも十五年前にはこの付近の山全部が、村中がマツの大木でした。それがなくなっても、十年たったらまた広葉樹で緑になるでしょう。緑がすぐ復活するんです。自然に甘えているというか、自然をわかっている気になるんです。見た目で日本人は自然がこんなものだと知っているけれど、知っていないことを知ることが先決です。

　数年前までいろいろな神父さんと激論してきましたが、キリスト教徒の自然観は、人間と自然を対比して、「我思う、故に我あり」という考え方で、自然は相対的で、自然は悪魔である。人間が修正しないと、カルチャーで秩序をつけなければ、自然は人間の役に立たない、悪魔だ。砂漠の自然は人間に対して非常に危険なものである。子供も放っておいてはだめになるという思想です。その自然観がどうもおかしいことに気がついてくると、聞く耳ができてきます。

　日本人は自然観がわかっている、俳句もつくる、絵もつくる、すべてのことを感性的にキャッチする性質をもっていると思っているから、自然に対して傲慢なんです。だから、自然にものができるなんていっても信用できない。科学的な智恵が優先する。

先ほど言ったように樹木を作っても、ダイコンを作っても、コメを作っても、一平方メートルにできる生産量は同じだというようなことがピンと来ないんです。樹木のほうが早く太ってくるではないか。コメや麦は自然にやって十俵できるんだったら、肥料、農薬をやれば十二俵できるんではないかと言ってしまいます。

自然の力に頼って、自然に作ってもらって、そのおすそ分けをもらうという気持ちではなくて、人間が自然を作っているんだから、人間が全部のものを収奪しても、鳥や獣のことを考えずに人間のための食糧だと思って独占しても、それを商売の種にして売っても、貿易の材料にしてもいいではないか。日本人は日本のコメを食っていればいい、タイ人はタイのコメを食っていればいいと自分が言っても、タイの安いコメを日本人が買って食い、日本の余ったコメはアフリカの人に寄付でもしようという理論のほうが通るんです。

自然農法と粘土団子

金光　そういう自然に対する見方があって、自然農法の実践がうまくいかないということは、考え方が違うとうまくいかないという結果が出てくるわけですか。

福岡　自然農法はだれでもやれる。粘土団子の種を作って蒔きさえすれば何でもできる。この一反のところに野菜も作る、コメも作る。この山でもそうですが、二、三日前に粘土団子の籾を蒔きました。麦もできる、コメもできる、野菜もできる、果物もできるとなれば、一反歩あったら一家が生きることはできるんです。

　ところが、それでは子どもを教育できないとか、生活ができないと言ってしまう。生きることをまずやったらどうかと言うけれど、それをやる前に、生活する金がなかったら文化生活ができないと言ってしまうんです。聞く耳をもたない。

　自然農法を聞く耳をもっていないから、自分は終戦直後から三十年、薦めるということはしなかったんです。自分で記憶するぐらいの気持ちで失敗談を五、六冊の本には書きましたが、人に積極的に自然農法を薦める気はありませんでした。このごろ特に去年ぐらいから急に習いたいという人が増えてきましたので、今年初めて、この四月、粘土団子の作り方を教えました。

金光　いままでは粘土団子の作り方を教えていらっしゃらなかったんですか。

福岡　してなかったですね。一番簡単な粘土団子の作り方は、手作りでいいから、そういうことをちょっとしただけ、この前の放送のときにも金光さんに言ったりしていたんですが、広い面積で粘土団子を作るんだったらミキサーを使うやり方があるんです。ただ、粘土団子にしても、鳥を防ぐのはわけないけれど、ネズミとかアリとかいろいろな虫、昆虫類、ウシ、ウマ、ヤギ、こういうものを防ぐにはセンダンの実とかアセビなどの薬草類も入れておかなければいけません。

砂漠の土だったら、サハラ砂漠でマツの種を蒔くだけではだめです。ソマリアへ行っても樹木を植えていまして、一日に十八回も水をかけて森林を作ろうなんて政府自身が努力しています。そこではユーカリを植えたりしていますが、早く太る木を植えただけでは緑化はできないんです。サハラ砂漠でも、成功しているとは言えません。先般からいろいろ接触していますが、朝日新聞の論説委員の石さんは、世界中で砂漠の緑化に成功している例を見たことがないと言います。

ここで言えることは、一つのものを植えるのではなくて、同時に微生物も植物も薬草類もミックスしておいて、あらゆるものを同時に蒔いて、ヤギが食おうがウシが食おうが、砂漠のなかで何が来ても平気な格好の粘土団子を作ることです。ただ単に、肥料をやらない、農薬をやらない、耕さない、粘土団子さえ蒔けばできるというのは、この粘土団子のなかにあらゆる病虫害の問題から肥料、農薬の問題など、全部の近代農法の技術が含まれているからです。この粘土団子の作り方をマスターして蒔いてもらわなければいけません。

いま海外協力事業団でいろいろな人が行ってやっていますが、自分がどうも不安なのは、ただ、ヒマラヤや、バングラデシュに行って木を植えたりしても、だめなんです。砂漠化する速度と緑化する速度は全然違うんです。

とにかくあらゆる植物、少なくとも百種類、二百種類の種を混合して、土壌微生物から、さっきのサハラのマツだったらマツタケ菌を入れなければいけないんです。培養したマツタケ菌を入れて蒔いたら岩石のうえでもマツが太りだすんですが、肥料もやらないでマツの種だけ蒔いても、枯れはしなくても太らないわけです。

金光　『わら一本の革命』などを読みますと、何もしなくていいというところが非常に強く目につきます。ところが、何もしなくていい、種だけ蒔けばいいのかと思ったら、やはり現実にはいろいろな生きものがいて種なんかを食べますから、それなりの防御策はしなければいけないんですね。

福岡　科学農法が自然を滅ぼしているでしょう。だから、いままでの科学農法ではない、科学を否定する科学を理論的に打ち立てなければいけないんです。いままで人間は悪いことをして地球を滅ぼしているんだから、自然が死んでしまっているような状態ですから、地球を元に戻すきっかけまではつくっておいてやらないといけません。
　アメリカの土は死んでいます。ヨーロッパでも、ギリシャでも、イランでも、イラクでも、地上一メートルは緑があるように見えるけれど、下は死んでいます。これを生き返らせたら、あとは自然がやってくれるけれど、そこまでは徹底的にやらなければいけません。
　ぼくはいままでの農学をいらんと言っているわけではないんです。農学者にはいままでと反対の自然を生かす研究をしてもらわなければいけないと言っているんです。いままでやっていたのは自然を殺す、反自然的な技術だけです。

金光　自然農法には粘土団子が非常に大事だとうかがいましたので、今日は具体的に粘土団子の作り方を教えて、見せていただけますでしょうか。

福岡　それではやってみますか。とにかく簡単といえば簡単です。機械で土を裸にしてお日さんにさらしたことがいかに人類のミステイクの始まりか。錯覚のスタートは耕したことです。鋤、鍬を発見したことがすでに大きなミステイクです。耕耘機を使いだしたらいかに加速度的に地球を滅ぼしたか。耕耘機とか機械をいらないようにするためにまず何をしなければいけないか。粘土団子の種を蒔いたらいいんです。

金光　それでは作り方の現場へ行って教えていただくことにいたしましょう。

金光（ナレーション）　福岡さんは鳥やネズミやアリなどから種を守るための粘土団子を手で作ってみたり、金網を使ってみたり、いろいろ工夫した末、現在では改良したコンクリートミキサーを利用して作っています。コンクリートミキサーは自然農園のはずれにある空き地に置いてあります。今日使う籾は一つの穂に二百粒から三百粒の籾ができるという福岡さん自慢の稲です。団子に使う土は、水田の土のように肥えた土ではすぐ水に溶けて役に立たないので、福岡さんは自然農園の赤土を使っています。アフリカなどの砂漠で粘土団子を作るのには、蟻塚の土が一番使いやすいそうです。

トタン板のうえで土と種子をこねる。

金光　この加減はやはりしばらくやってみないとわかりにくいわけですね。

福岡　団子になる程度の水分があったらそれでいいんです。

金光　あまり軟らかいよりもある程度硬いほうがいいわけですね。

福岡　あとでやり直しがききますから。

金光（ナレーション）　コンクリートミキサーのなかにあるプロペラをはずして、種の量一に対して粘土五の割合で混合させ、それを入れたミキサーを回転させると種が入った粘土団子ができるそうです。そして、このミキサーの傾斜の角度を変えることによって団子の大きさを調節できるそうです。土のなかに種が入った粘土団子ができ上がります。

金光　これで何分ぐらい回すんですか。

福岡　二十分から三十分です。航空蒔き用の粘土を作るときは、四、五十分かけて、丁寧に作ります。

金光（ナレーション）　団子に混ぜるものは鳥や虫が嫌う薬草の種などを混ぜることもあるそうです。また、日本で通用する粘土団子が外国では簡単に穴をあけられて、団子の硬さを工夫したこともあったそうです。

福岡　これを田んぼにもっていって、麦のなかにコメを蒔く。

金光　なかにもちゃんと籾が入って固まりになっていますね。

福岡　この小さい粘土団子のなかに日本の種子発芽の技術が全部入っているとも言えます。田植え無用、肥料無用、耕さない。この粘土団子を蒔くだけです。あとは粘土団子のなかのこの水分で発芽します。

金光（ナレーション）　四ヘクタールの自然農園は山のなかですが、裏作に麦を作っているこの田は集落に近いところにあります。先ほどの粘土団子をこうしてふりまくことが田植えをしたことになり、この田んぼは秋になると一穂に二百粒、三百粒の稲穂が実るという実績をもっています。（この稲は政府の登録品種で、世間にはまだ発売されていません。）麦畑の隣にある冬の間の野菜畑にも同じように団子がふりまかれます。

金光　いま拝見したあの粘土団子をバラバラと蒔くだけで、あとはそのまま放っておけば稲は生えてくるわけですか。

福岡　細かく言うときりがないんですが。田植え無用。不耕起、無肥料、無農薬です。

金光　大事なポイントだけをお願いします。

コンクリートミキサーを使った粘土団子の作り方

① 種 1 に対して粘土 7 の割合で混合し、ミキサーを回しながら（噴霧器などで）水を加え、30〜40分回転させる。　② 粘土団子のできあがり。

※この図ではコンクリートミキサー車を使っているが、小型コンクリートミキサーでできる。

福岡　たとえばここに夏の野菜とコメや麦を蒔いたとするでしょう。うまく生えるのと生えないのが出てくるんです。ダイコンの花が咲いて、それが終わりだというころに次の作物を蒔くと成功しやすいんです。

金光　そのほうが成功しやすいんですか。

福岡　ええ。春草が太りかけているときに蒔くと、草と競争するから負けることがあります。同じように蒔いても成功するのと成功しないのが出てくる。ばらばらなんです。だけど、それをいちいち言っていたらやれないから、とにかくたくさん蒔く。いろいろな種類を一緒に蒔くことです。砂漠に蒔いても、こういう雑草のなかに蒔いても、たくさん蒔いておけばだれでも成功します。これが有用な作物だからといって一つや二つでは成功しません。

インドやアフリカへ行くと、早く太るからとオーストラリアのユーカリをさかんに植えていますが、これは土地を絞ってしまう、乾燥させてしまうんです。日本の檜でも、檜を三回植えたらあと山がやせて三代もたないんです。土地を悪くしてしまうから。ユーカリはそれがもっと激しくて、ユーカリの木を植えるということは、砂漠に緑を増やすつもりで逆に砂漠激化の方向になっているんです。

そういう場合はユーカリではなくて、もしもやるのだったらユーカリとともにアカシアの木、果樹、ダイコンとか野菜を一緒に蒔いておけば、けっこうみんなが共生してジャングルになります。ぼくはインドでは、ゾウの住めるジャングルづくり、ゾウの住めるような森をつくりましょうと言ったんですが、ゾウの森をつくっておけばいいんです。

たとえばここでも食べるものがないかというと、ここにハヤトウリを一つ植え、キュウリも植えておけば、ひと夏中食べられるウリ類ができるわけです。下にトマトも植えておく、豆やナスビも植えておくというふうに、あらゆるものを植えておけばうまくバランスがとれて病虫害も来ない。

一番顕著なのは、ここの山は四ヘクタールにダイコンが何万本あるかわからないけれど、こういうのを見ても、食べられない、病虫害が来ている葉っぱなんて一つもないんです。普通だったら細菌性の斑点病なんかがいっぱいあるんです。都会の人が家庭菜園をしたら、いつもダイコンの葉虫をとっていなければいけないんですが、ここには害虫も益虫もいっぱいいるのに、何のことはない、害の跡が見えないでしょう。

モンシロチョウの幼虫は葉っぱを食う虫ですが、モンシロチョウがいても害がないんです。人間の目につくような虫の食った跡がないんです。これは病虫害の菌や虫がいても、昆虫がいても、益だの害だのという菌や虫はいないということです。このなかに飛んでいるチョウだってガだってみんな、昆虫学者によれば益虫と害虫に分類されるんです。だから、益だの害だのということは人間の近視眼的な目から言っているだけで、自然の目から見たら、益だの害だの、役に立つか立たないかなどということはないんです。

このダイコンはトキナシダイコンですが、ダイコンが小さいから、食えないからだめだと人間は捨ててしまいます。だけど、大きなダイコンを作るために交配したり何かするときの、野性的なトキナシダイコンやナツダイコンは退化を防ぐための役目をしているかもしれません。だから、いい悪いなんてひと口も言えないんです。

金光 でも、モンシロチョウがいるということは、その前の幼虫はちゃんと食べているわけでしょう。

福岡 食べています。が、目につくほどでない。

この雑草はカラスノエンドウといってエンドウの原種みたいなものですが、こういうものだって食われていないでしょう。自分は農事試験場にいるとき、病虫害の分類、培養といろいろやってきましたが、どんな作物にでも、植物にでも、三十種類から五十種類ぐらいの害虫はいるんです。しかるに、この山には何にもない。害がないんです。自分でもどうしてかわからないんです。どのようにバランスをとれば病虫害がないのか、いい悪いがないとなるのか。
先日、土壌肥料学の学会で講演しろと言われて話したのですが、最後に、五十年間自然を見ていたつもりだけど、いまになってみると一平方メートルの土に何が生えて、何が育って、何がどうなっているか、わけがわからなくなってしまった、とお話したんです(笑)。ものが言えなくなったというのが五十年間の結論です。
結局、私が書いた五冊、六冊の本が役に立たない。最初から人智が役に立たない、人間のやることは一切合財無駄だと言っているけれど、自分は本を書いても本が役に立たないということを書いているんだから、読んだら捨ててくれと言いました。文字どおり、ものが言えなくなったのが現状です。

金光　ただ、稲の場合は粘土団子のなかに、籾だけ入れていらっしゃるんでしょう。

福岡　そうです。麦のときにはなかにクローバーの種を入れておくけれど、稲のときには何にも入れなくていいわけです。

金光　稲のときには何にも入れておかなくていいわけですか。

福岡　そういうふうな最小限度のことをやればやるだけです。それも現在はやらなければいけないことだけやって、おそらくあと十年、二十年、自然農法が研究されたら、それこそ何にもしなくていいということになってくると思うんです。何にもしない、ドゥ・ナッシングが最高になってくるんです。

金光　文字どおり、人間の知恵も何にもいらないのが本来の自然であるということになるわけですか。

福岡　粘土団子にもしなくていいような方法があるはずなんです。

だけど、このごろぼくが粘土団子を作るのがいやになっているのは、自分の代わりにインドへ行く、アフリカへ行くといって種を蒔いてくれている人もいるんですが、そのなかに価格の高い有用菌を入れたらなおいいだろうと、金を出して入れるような、粘土団子が商売の種になる危険性が出てきているんです。微生物も企業家の手にかかると金もうけの材料になるんです。

微生物の知識とか智恵はいらないと自分は言っているんです。本当の目標は、博物学の知識も微生物の知識もいらなくていいんです。粘土団子を作って子供が蒔いたらそれでいいんです。鳥になって蒔いていれば、それだけでいいんです。キリストではないが、鳥のように種を蒔いたらいいんです。

本当の幸福

金光　本来の自然の働きについてお話をうかがっていますと、なるほど、そのとおりだろうなという気はするんですが、一方でそんなに自然に任せてしまって人間が何もしないところに本当の幸福があるんだろうか。現代の私たちは、科学の発達した時代で、科学的なものの研究で自由と富を得て幸せが得られるという考え方が、どうも根強く染みついているような気がします。このなかには本当の幸福はなくて、間違った虚偽の幸福を追いかけているとお考えでしょうか。

福岡　もちろんそうです。五月の、この太陽の暖かい、ポカポカしているところでこうしていたらどうなのか。問題はここに幸福があるかないかです。緑が生えてきて酸素が増える。木の実が出てきて炭酸ガスを吸収して酸素を吐き出してくれる。そうすると何かうきうきしてきます。この花を見て、これが汚いとか見苦しいと思う人は一人もいません。

では、喜びはどこから来るかというと、このダイコンから来ます。自然から来ます。ダイコンの花以外のところからどんな喜びが来るのか。人間の指先ほどの喜び、食べる喜び、触れる喜び、見る喜び、感ずる喜び、すべての喜びの原点は自然から来ています。この一つの花から来ているのではないでしょうか。これ以上のものがどこから来るのでしょうか。

金光　普通はお金をもうけて、お金を貯めて、あれも欲しい、これも買いたいとなります。都会のごみごみしたなかで生活していると、お金がないと困るとか、ものがなければだめだろうという話を聞くと、ついもっともだなと思ってしまいますが、この花を見て、これがきれいだと思うのにお金は一銭もいらないわけですね。

福岡　金をもって世界を漫遊すればおもしろいでしょうが、相対的な喜びよりも、本当の喜びとか真とか善とか美はどこから来るのか。こういうことを人類が宗教的、哲学的に徹底的に追求しなかったら納まらないと思うんです。岡本太郎さんが私に「この地上には自然なんてないから、自然農法なんて成り立たない。むしろ自然なんてぶち壊したら、本当の美が生まれる」と言われたことがあります。たまたまこうしているとアリが寄ってくるでしょう。ぼくはダイコンの花が神だという言い方をしていますが、ここにいるアリも虫も植物の花も同体だということを、いまの技術者、科学者も芸術家もはっきり言わなければいけない時期が来ていると思います。

　いままでは人に言っても聞かなかったから言わなかったんですが、ぼくは一昨年から、ダーウィン進化論の否定論を言っています。簡単にいいますと、逆から入って話を変えますけれど、仏教で時間と空間を超えると言うでしょう。悟りを開くと言います。時空を超越するというのは時間の長短とか拡大とか膨張を超えることですが、時間を超えたらどうなるかというと、結局、時間を知らない世界になるわけです。

金光　長短とか、そういうのがまったく関係ない世界ということですね。

福岡　相対的な智恵が消えてしまうんです。そこまでいくと根本的なタイム（時間）の世界というか、宇宙のそれこそ神とか仏と言ってもいい世界になってしまうでしょう。時間と空間の概念を超えた世界から見るとダーウィンの進化論は否定されてしまうんです。

金光　時空の制約のなかで考えるともっともだという点はあるけれど、時空の制約を超えたところからみると、それは一面の真理にしかすぎないということになるわけですね。

福岡　ここにいるアリの動いている時間と、太陽の時間とかガンジス河の時間などを比較してみればいいんです。日本人のせっかちな時間よりもガンジス河のタイムでインド人はやったらいいだろうというふうなことを言うけれど、それさえ相対的な時間です。それを超えてしまったとき、初めて進化論なんて全然ナンセンスだということがわかるんです。否定論をいよいよ言わなければいけなくなってきて、しかも言わないのが否定論になってきたんです。説きようがない、書きようがない。だけど間違いだということは確実です。どこで言えるかというと、実証できるからです。

金光　いまのお話は、五十年の自然農法の実践のなかで具体的なものを育てながら、ますます確信が深くなったということだと思うんですが、われわれも先ほどからのお話をうかがっていますと、金とかモノ中心ではなくて、これから本当の自然を生かす生活をするとなれば、現代の日本人の向かっている生活のかたち自体も変えていかないと、そこへはなかなか行けないような気がします。

福岡　現実的に言えば変わってこざるを得ないでしょうね。あと二十年もしたら石油がなくなってくるとか、資源のことからいっても、自然からいっても、酸素が少し増えたり減ったりすると喜んだり悲しんだりしているような人類は、緑がなくなって、どこから喜びが来るかというと、虚偽の、人工的につくった抽象的な概念の喜びしかなくなってくるわけです。

そうすると、このごろ殺人とか何とか、スポーツでも娯楽でも変なところに行ってしまっているけれど、これがさらに激しくなって、人類は精神的に崩壊してくるという兆候はすでに出ていると思うんです。それをくい止めるのは何かというと、何のことはない、みんな粘土団子を作って昼寝をしていればいいんです。

その一例がここへ来ているドイツ人です。ハム、ベーコンの大会社の社長が、自分の『わら一本の革命』を読んだだけで、会社経営をやめたといって五千人の人のクビを切って、小さい会社に分けてしまった。牛乳は腐る前に配達してしまえばいいんだといって、牛乳の殺菌もやめた。

金光　腐る前に飲める程度に……。

福岡　飲める範囲内で商売したらいい。だから、商売も小さい商売になる。レストランにしても大きなレストランをやめて、手作りの、自分の想像では日本の茶店みたいなところで牛乳を売って、峠の茶屋の主のような生活をしているんではないかと思うんです。

そのドイツ人が自分のところに送ってきた資料をみると、衣食住すべてを芸術化してしまうというんです。芸術化とはどういうものかというと、日本の茅葺きの屋根みたいなところで、搾りたての牛乳を来た人に売る。それでいいことになってしまうのでしょう。手も出さず、足も出さず、ダルマ商法です。

さっきも言ったけれど、うちの山菜でさえ自分の足が弱ってよく取れなくなり、売りに行かれないようになったら、取りに来てもらうしかないんです。金をもって取りに来なくていい、鳥になって取りに来てくださいというんです。入山禁止と書いてあるけれど、鳥は放っておいても入ってきます。去年も一万個のキウイフルーツが鳥の餌になってしまったし（笑）、ハヤトウリもそうです。ダルマをまねて坐りこむしかない。

金光　いっぱいなっているわけですか。

福岡　なっていますが、取って売ることができなくなっているんです。地球全体がこうなったらよい。自分の夢は、この山のように、山のうえにコメも麦もあるじゃないか、ダイコンもあるじゃないか、タマネギもあるじゃないか、となることです。ぼくは昔、東京の山手線の沿線にダイコン、カラシナ、タカナなどを蒔いたことがあるんです。ＮＨＫのところの代々木公園の入口あたりにダイコンを蒔いておいたら、芝生のなかにけっこうダイコンが生えてくるんです。ところが、あとで行ってみたら管理人の人が一生懸命で抜いているんですね（笑）。

金光　それはそうでしょう（笑）。

福岡　それで結局だめだったけれど（笑）。聖蹟桜ヶ丘の農林省の大学へ行って講演したときに言ったんですが、ここの大学生が一例横隊になってダイコンの種を袋に入れて多摩川沿いに大国主命のように種を蒔いて歩けと。そうすれば多摩堤が全部ダイコン畑になって、東京都民、あの沿線の人は野菜畑を作らないでも、買ったりしないでも野菜が食えるようになると言ったんです。そういう運動をして世界中を緑にしたい……。失業したら幸いなんです。女子学生が就職できなくなったなんて悲観しているけれど、彼女たちがみんな、種を蒔いて世界中を歩いて欲しい。それをぜひ提唱してください。

金光　そうすると生きていく、生活の心配はなくなるわけですね。

福岡　生きる心配は全然ない。生きる心配をするから生きられないんです。生きる心配をしなくて生きていける。

金光　生きるためにはいやな仕事も我慢しなければいけないというのは……。

福岡　その反対です。生きることにだけに専念したらいいんです。ダーウィンの進化論、自然淘汰《とうた》を否定するのはこういうことなんです。モノがあって、作物があって、人間が繁殖しているんです。共生なんです。百億の民ができるのだったら、百億の民が生活できる食物があるのが本当《しぜん》ですし、バランスがとれるようになっているんです。

金光　それを人間が売ったり買ったりしているとバランスが崩れる。

福岡　売るための農業、食糧を作ろうとすることがすべてのミスティクの始まりです。西洋人が八十年前にアフリカを占領したときにコーヒーと紅茶を作れと言い、フィリピンに行けばアメリカ人が砂糖キビと花だけ作っておれと言い、インドに行けば綿だけ作っておれと教えるから、そのためにアフリカもインドもフィリピンも農業が滅びてきたんです。元のとおりだったら昼寝していても食べられたんです。

　フィリピンのマグサイサイ財団に行ったとき、フィリピンのホアンタマという民話を聞きました。昼寝をして口を開けて寝ていればグアバが落ちてくるという民話ですが、フィリピンの昔は、スペインやアメリカに占領される前は果物天国で、食糧は口を開けていたらいいんだというのが本来の姿でした。

金光　そういう生活が本当に人間が一番安楽に生きていける生活ということになると、現代の日本人の生き方はむしろそれとは正反対の方向ですから、このへんで方向を変えて、それこそホアンタマを見習って、あるいはイワンのバカのような方向に行けるような農業、あるいは生き方、そういう方向をここでの自然農法の実践のなかでやればできるとお考えですか。

福岡　今日から、いま即座にだれでもできるんです。このごろは一反の土地をコメ一俵も出したらみなだいたい貸してくれますから、町の人が今日から自給自足の生活をすることも、一反百姓になることも可能です。自分が一番悲劇的に思うのは、ラジオでもテレビでも、宇宙船に乗って外へ行って空中都市をつくろう、海中都市をつくろうとか、そうしなければ地球が滅びたときに生き延びられないと言うでしょう。

こういう科学的な方向に行く人が生き残るのだという考え、ダーウィンの進化論ではないが、適者生存で優勝劣敗だという、競争原理で生き残る者が生き残るという思想が、人類をどれだけだめにしているか。

金光　そこのところは自分の国の足元、自分の生き方の足元を見て、自然とともに、自然のなかの共生の一員であることを自覚しながら生活の方法を考えていくことが大切だということを教えていただきました。今日はどうもありがとうございました。

（一九九四年放送）

あとがき

福岡さんに最初にお目にかかったとき、私は強烈な印象を受けました。もう二十年も前になりますか、初めてお目にかかったある集まりの昼食のとき、福岡さんは少し離れた席においででしたが、私が隣の席の人と「テレビというのはしょせん虚像の世界ですから……」というような話をしていたのが聞こえたのか、

「虚像だ実像だといっているひまがあるなら、いま日本中のマツが枯れている日本列島始まって以来の大問題をなぜ取り上げないのですか」

と福岡さんから突如声をかけられました。そしてマツ枯れについての日本中の理解の足りない実例をつぎつぎに挙げる舌鋒の鋭さ、その奥にある自然の衰亡を何とか防ぎたいという情熱に圧倒されたことを今もハッキリと憶えています。

それから現在までの間に放送のためにお目にかかったり、四国へ行く機会があったときや福岡さんの講演会があったときなど、何度もお話を聞くことができました。そのときそのときのいろいろな話を聞いてきたのですが、そのなかから放送のときの素材を中心にしてまとめてみました。

私は自分でも不思議な気がするのですが、希望したわけではないのに、いつの間にかテレビやラジオで宗教関係の番組を制作するようになって四十年が過ぎていました。そしていろんな人から宗教についての話をうかがっている間に、私は宗教の根本は、目に見え、観念で把握できる宗教現象だけでなく、人間や宇宙すべてを存在させている働きまでを含めた全体の事実を知ることにあると思うようになりました。

宗教の勉強をしたことはないという福岡さんですが、若くして自己中心的分別を捨てさせられた機会に体得した全体の事実の認識からの発言として、農業を説明する言葉のなかに「人知無効」というような言葉が出てきたり、「人為無用」の実証が水田や山野に自然を生かす「自然農法」となって完成してきているという福岡さんの言動を見ていると、宗教によって生活している人たち以上の宗教的な深さを感じさせられます。そういうところから農業番組ではない心の番組として話を聞かせていただきたい気持ちが強くなりました。

親鸞聖人が最晩年に書かれた「自然法爾《じねんほうに》の事」という文章がありますが、そのなかで「自」も「然」も「行者のはからいにあらず」「おのずから」「しからしむ」ことだといわれています。文脈やニュアンスに違いはありますが、根本のところで「人知無効」「人為無用」に通じるところがあるように思います。

　福岡さんは自然は人間が利用するものではなく、人間が仕えなければならないものだといわれます。さらに表現を強めて「自然は神である」といい、自然を滅ぼすことは神を滅ぼすことであって、それとともに人間も滅びてしまうともいわれます。

　十九世紀末にニーチェは「神は死んだ」と言ったそうですが、二十世紀末の福岡さんは「自然は瀕死だ」と叫びつづけています。

　では瀕死の自然を回復させるにはどうすればよいのか。このテーマを追究することは、人類、ことに近代人の「自然」に対する思想と行動の根底にあるものを探ることになります。そこからは、すべてを自分の都合のよいように分別して利用しようとする、近代人の自己中心的な思想と行動が見えてきます。その点を押さえた上で福岡さんの自然の働きのままに生きる発言と行動があり、そこには現代人が忘れていた新しい自然への回帰、自然な生き方への変革の方向が示されているように思いますが、すべてを計らいなしには生きられなくなっている現代人にとっては至難の道かもしれません。

私がこういうことを感じるようになるまでにはかなり長い時間がかかりました。この本では、私が福岡さんにお会いしたその長い年月の間に、時がたつにつれて表現が変化していながら、しかもその根底には変わらぬ真実があることを念頭に置いて話をすすめてみました。

しかし、そういうすべてを超えて、現代の地球上に生きる人々が二十一世紀の未来に向かって歩みを進める上で少しでもお役に立つことがあればこの上ない幸いと思います。

一九九六年十二月一日

金光寿郎

＊本書は、『〈自然〉を生きる』（春秋社、一九九七年）を改題したものである。

〈著者紹介〉

福岡正信（ふくおか　まさのぶ）

1913年、愛媛県伊予市大平生まれ。1933年、岐阜高農農学部卒。1934年、横浜税関植物検査課勤務。1937年、一時帰農。1939年、高知県農業試験場勤務を経て、1947年、帰農。以来、自然農法一筋に生きる。1988年、インドのタゴール国際大学学長のラジブ・ガンジー元首相から最高名誉学位を授与。同年、アジアのノーベル賞と称されるフィリピンのマグサイサイ賞「市民による公共奉仕」部門賞受賞。主著に『自然農法　わら一本の革命』『無Ⅰ　神の革命』『無Ⅱ　無の哲学』『無Ⅲ　自然農法』『自然に還る』（いずれも春秋社）。2008年逝去。

金光寿郎（かなみつ　としお）

1927年、岡山県生まれ。1954年、京都大学を卒業しNHKに入局。社会番組、教養番組を担当し、そのなかで宗教番組を手掛ける。以来、「こころの時代」等の番組制作に従事し、1984年に定年退職。退職後もNHKの宗教番組制作に関わる。2020年逝去。

福岡正信の〈自然〉を生きる

2021年9月20日　初版第1刷発行

著　　者　福岡正信／金光寿郎
発 行 者　神田　明
発 行 所　株式会社 春秋社
〒101-0021　東京都千代田区外神田2-18-6
電話　03-3255-9611（営業）
03-3255-9614（編集）
振替　00180-6-24861
https://www.shunjusha.co.jp/
装 幀 者　鎌内　文
印刷・製本　萩原印刷株式会社

ISBN978-4-393-74159-7　定価はカバー等に表示してあります

福岡正信　著作

自然農法　わら一本の革命
不耕地・無肥料・無農薬・無除草にして多収穫。驚異の自然農法、その思想と実践。
1320円

百姓夜話　自然農法の道
人智を捨て、無為自然への回帰を標榜する福岡哲学の出発点となった名著の復刊。
2200円

無Ⅰ　神の革命
何もしないところから豊かな実りが得られる――人為・文明への警告と回復への道。
2750円

無Ⅱ　無の哲学
人は何を為すべきか。古今の哲人の思想を批判しつつ、無為自然への回帰を説く。
2750円

無Ⅲ　自然農法
米麦・野菜・果樹、あらゆる農の実践を縦横無尽に語る。福岡自然農法の真骨頂。
2750円

自然に還る
自然に仕え、自然と共生する農を考える。深刻化する地球的規模の砂漠化を救う道。
2750円

DVDブック
自然農法　福岡正信の世界
今なお模索し続ける自然農法の新たな試み等、福岡ワールドの現在を語る画期的映像。
2530円

※価格は税込（10％）。